职业教育"十三五"
数字媒体应用人才培养规划教材

After Effects CC 2019
实例教程 微课版

程静 张洪波／主编　程学军 杜怡君 宋杨／副主编

U0381905

人 民 邮 电 出 版 社
北 京

图书在版编目（ＣＩＰ）数据

After Effects实例教程 / 程静，张洪波主编. --
北京：人民邮电出版社，2021.8
职业教育"十三五"数字媒体应用人才培养规划教材
ISBN 978-7-115-55322-5

Ⅰ．①A… Ⅱ．①程… ②张… Ⅲ．①图像处理软件—
职业教育—教材 Ⅳ．①TP391.413

中国版本图书馆CIP数据核字(2020)第224697号

内 容 提 要

本书全面系统地介绍了 After Effects CC 2019 的基本操作方法和影视后期制作技巧，内容包括 After Effects 入门知识、图层的应用、制作蒙版动画、应用时间轴制作效果、创建文字、应用效果、跟踪与表达式、抠像、添加声音效果、制作三维合成效果、渲染与输出及综合设计实训等内容。

本书内容的讲解均以案例为主线，通过案例制作，学生可以快速熟悉软件功能和影视后期设计思路。软件功能解析部分使学生能够深入学习软件功能和影视后期制作技巧；课堂练习和课后习题可以拓展学生的实际应用能力，提高学生的软件使用技巧。本书最后一章精心安排了 6 个综合设计实训案例，力求通过这些案例的制作，提高学生的影视后期设计创意能力。

本书适合作为高等职业院校数字媒体相关专业 After Effects 课程的教材，也可作为 After Effects 自学人员的参考用书。

◆ 主　　编　程　静　张洪波
　　副 主 编　程学军　杜怡君　宋　杨
　　责任编辑　刘　佳
　　责任印制　王　郁　彭志环
◆ 人民邮电出版社出版发行　　北京市丰台区成寿寺路 11 号
　　邮编　100164　　电子邮件　315@ptpress.com.cn
　　网址　https://www.ptpress.com.cn
　　固安县铭成印刷有限公司印刷
◆ 开本：787×1092　1/16
　　印张：16.25　　　　　　　　　　2021 年 8 月第 1 版
　　字数：410 千字　　　　　　　　　2025 年 1 月河北第 5 次印刷

定价：49.80 元

读者服务热线：(010)81055256　印装质量热线：(010)81055316
反盗版热线：(010)81055315
广告经营许可证：京东市监广登字 20170147 号

本书全面贯彻党的二十大精神，以社会主义核心价值观为引领，传承中华优秀传统文化，坚定文化自信，使内容更好地体现时代性、把握规律性、富于创造性。

After Effects 是由 Adobe 公司开发的影视后期制作软件。它功能强大、易学易用，深受广大影视制作爱好者和影视后期设计师的喜爱，已经成为影视后期制作领域最流行的软件之一。目前，我国很多高职院校的数字媒体艺术类专业，都将 After Effects 作为一门重要的专业课程。为了帮助高职院校的教师全面、系统地讲授这门课程，使学生能够熟练使用 After Effects 来进行影视后期制作，我们几位长期在高职院校从事 After Effects 教学的教师和经验丰富的专业影视制作公司设计师合作，共同编写了本书。

本书的体系结构经过精心的设计，按照"课堂案例 → 软件功能解析 → 课堂练习 → 课后习题 → 商业设计实训"这一思路编排，力求通过课堂案例演练，使学生快速熟悉软件功能和影视后期设计思路；通过软件功能解析使学生深入学习软件功能和制作特色；通过课堂练习和课后习题，拓展学生的实际应用能力。在内容编写方面，我们力求细致全面、重点突出；在文字叙述方面，我们注意文字言简意赅、通俗易懂；在案例选取方面，我们强调案例的针对性和实用性。

本书配套云盘包含了书中所有案例的素材及效果文件。另外，为方便教师教学，本书配备了详尽的课堂练习和课后习题的操作视频以及 PPT 课件、教学大纲等丰富的教学资源，任课教师可到人邮教育社区（www.ryjiaoyu.com）免费下载使用。本书的参考学时为 60 学时，其中实践环节为 20 学时，各章的参考学时参见下面的学时分配表。

FOREWORD

章	课 程 内 容	学 时 分 配	
		讲 授	实 训
第 1 章	After Effects 入门知识	2	
第 2 章	图层的应用	4	2
第 3 章	制作蒙版动画	4	2
第 4 章	应用时间轴制作效果	4	2
第 5 章	创建文字	2	2
第 6 章	应用效果	6	2
第 7 章	跟踪与表达式	2	2
第 8 章	抠像	2	2
第 9 章	添加声音效果	2	2
第 10 章	制作三维合成效果	4	2
第 11 章	渲染与输出	2	
第 12 章	综合设计实训	6	2
学 时 总 计		40	20

由于作者水平有限，书中难免存在不妥之处，敬请广大读者批评指正。

编 者

2023 年 5 月

目 录

C O N T E N T S

CONTENTS

目 录

CONTENTS

目 录

01

第1章
After Effects 入门知识

本章介绍 After Effects CC 2019 的工作界面、文件的基础知识、文件格式、视频输出和视频参数设置。读者通过本章的学习，可以快速了解并掌握 After Effects 的入门知识，为后面的学习打下坚实的基础。

课堂学习目标

- ✔ After Effects 的工作界面
- ✔ 软件相关的基础知识
- ✔ 文件格式以及视频的输出

1.1 After Effects 的工作界面

After Effects 允许用户定制工作区的布局，用户可以根据工作需要移动和重新组合工作区中的工具箱和面板，下面介绍常用的工作面板。

1.1.1 菜单栏

菜单栏几乎是所有软件都有的界面要素之一，它包含了软件全部功能的命令操作。After Effects CC 2019 提供了 9 个菜单，分别为文件、编辑、合成、图层、效果、动画、视图、窗口、帮助，如图 1-1 所示。

图 1-1

1.1.2 "项目"面板

导入 After Effects CC 2019 中的所有文件，创建的所有合成文件、图层等，都可以在"项目"面板中找到，并可以清楚地看到每个文件的类型、大小、媒体持续时间、文件路径等，选中某个文件时，可以在"项目"面板的上部查看对应的缩略图和属性，如图 1-2 所示。

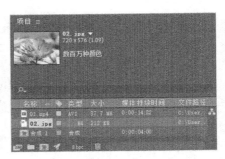

图 1-2

1.1.3 工具栏

工具栏提供各种影视后期制作与处理的工具，有些工具按钮不是单独的按钮，在其右下角有三角标记的都含有多重工具选项，例如，在"矩形工具" ▣ 上按住鼠标左键不放，即会展开包含的按钮选项，拖动鼠标可以选择。

工具栏中的工具如图 1-3 所示，包括"选取工具" ▶、"手形工具" ✋、"缩放工具" 🔍、"旋转工具" ↻、"统一摄像机工具" 🎥、"向后平移（锚点）工具" ▦、"矩形工具" ▣、"钢笔工具" ✒、"横排文字工具" T、"画笔工具" 🖌、"仿制图章工具" ♘、"橡皮擦工具" ◇、"Roto 笔刷工具" 📷、"自由位置定位工具" ➹、"本地轴模式工具" ⊼、"世界轴模式工具" ⊼、"视图轴模式工具" ⊠。

图 1-3

1.1.4 "合成"面板

"合成"面板可直接显示素材组合效果处理后的合成画面。该面板不仅具有预览功能，还可以对素材进行编辑（如缩放大小和分辨率），调整面板的显示比例、视图模式、当前时间和显示标尺及图层线框等，是 After Effects CC 2019 中非常重要的工作面板，如图 1-4 所示。

图 1-4

1.1.5 "时间轴"面板

"时间轴"面板可以精确设置在合成中各种素材的位置、时间、效果和属性等，可以合成影片，还可以调整图层的顺序和制作关键帧动画，如图 1-5 所示。

图 1-5

1.2 软件相关的基础知识

在常见的影视制作中，素材的输入和输出格式设置不统一、视频标准多样化，都会导致视频产生变形、抖动等问题，还会出现视频分辨率和像素比的标准问题。这些都是在制作前需要了解的。

1.2.1 像素比

不同规格的电视像素的长宽比都是不一样的，在计算机中播放时，使用的像素为方形像素；在电视机中播放时，使用 D1/DV PAL（1.09）的像素比，以保证在实际播放时，画面不变形。

选择"合成 > 新建合成"命令，在打开的对话框中设置相应的像素比，如图 1-6 所示。

选择"项目"面板中的视频素材，选择"文件 > 解释素材 > 主要"命令，打开图 1-7 所示的对话框，在这里可以设置导入素材的 Alpha、帧速率、场和像素比等。

图 1-6   图 1-7

1.2.2　分辨率

普通电视和 DVD 的分辨率是 720 像素×576 像素。软件设置时应尽量使用同一尺寸，以保证分辨率统一。

过大分辨率的图像在制作时会占用大量制作时间和计算机资源，过小分辨率的图像则会在播放时清晰度不够。

选择"合成 > 新建合成"命令，或按 Ctrl+N 组合键，在弹出的对话框中进行分辨率的设置，如图 1-8 所示。

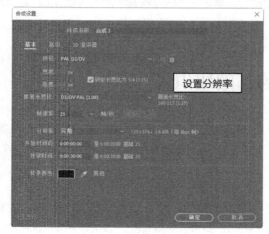

图 1-8

1.2.3　帧速率

PAL 制电视的帧速率是每秒 25 幅画面，也就是 25 帧/s，只有使用正确的帧速率，才能流畅地播放动画。过高的帧速率会导致资源浪费，过低的帧速率会使画面播放不流畅从而产生抖动。

选择"文件 > 项目设置"命令，或按 Ctrl+Alt+Shift+K 组合键，在弹出的对话框中设置帧速率，如图 1-9 所示。

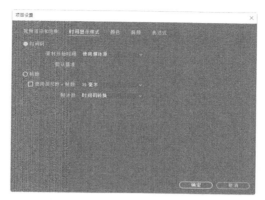

图 1-9

 提示

这里设置的是时间显示样式。如果要按帧制作动画可以选择"项目设置"面板"时间显示模式"选项卡中的"帧数"选项，这样不会影响最终的动画帧速率。

也可选择"合成 > 新建合成"命令，在弹出的对话框中设置帧速率，如图 1-10 所示。

还可以选择"项目"面板中的视频素材，选择"文件 > 解释素材 > 主要"命令，在弹出的对话框中设置帧速率，如图 1-11 所示。

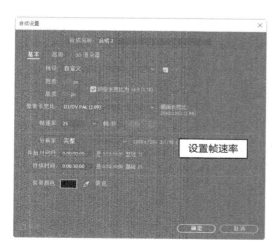

图 1-10

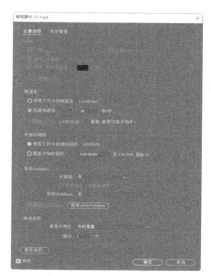

图 1-11

如果是动画序列，需要将帧速率设置为 25 帧/s；如果是动画文件，则不需要修改帧速率，因为动画文件会自动包括帧速率信息，并且会被 After Effects 识别，修改这个设置会改变原有动画的播放速率。

1.2.4　安全框

　　安全框是画面可以被用户看到的范围。安全框以外的部分播放时不会显示，安全框以内的部分可以保证完全显示。

　　单击"选择网格和参考线选项"按钮⊞，在弹出的列表中选择"标题/动作安全"选项，即可打开安全框参考可视范围，如图 1-12 所示。

图 1-12

1.2.5　场

　　场是隔行扫描的产物，扫描一帧画面时，由上到下扫描，先扫描奇数行，再扫描偶数行，两次扫描完成一幅图像。由上到下扫描一次叫作一个场，一幅画面需要扫描两个场来完成。在扫描 25 帧/s 图像时，需要由上到下扫描 50 次，也就是每个场间隔 1/50s。如果制作奇数行和偶数行扫描时间间隔 1/50s 的有场图像，就可以在隔行扫描的 25 帧/s 的电视上显示 50 幅画面。画面多了自然流畅，跳动的效果就会减弱，但是场会加重图像锯齿。

　　要在 After Effects 中导入场的文件，可以选择"文件 > 解释素材 > 主要"命令，在弹出的对话框中进行场设置即可，如图 1-13 所示。

　　在 After Effects 中输出有场的文件相关操作如下。

　　按 Ctrl+M 组合键，弹出"渲染队列"面板，单击"最佳设置"按钮，在弹出的"渲染设置"对话框的"场渲染"下拉列表中选择输出场的方式，如图 1-14 所示。

　　　　如果使用场景渲染方法生成动画，在电视上播放时会出现场错误而导致的问题。这说明素材使用的是下场，需要选择动画素材后按 Ctrl+F 组合键，在弹出的对话框中选择下场。

如果画面跳格是因为 30 帧转换 25 帧产生帧丢失，就需要选择 3∶2 Pulldown 的场偏移方式。

图 1-13

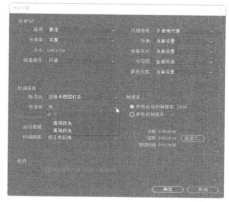

图 1-14

1.2.6　运动模糊

运动模糊会产生拖尾效果，以使每帧画面更接近，减少每帧之间因为画面差距大而引起的闪烁或抖动，但这要牺牲图像的清晰度。

按 Ctrl+M 组合键，弹出"渲染队列"面板，单击"最佳设置"按钮，在弹出的"渲染设置"对话框中设置运动模糊，如图 1-15 所示。

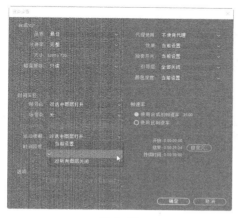

图 1-15

1.2.7　帧混合

帧混合是用来消除画面轻微抖动的方法，有场的素材中也可以用来抗锯齿，但效果有限。在 After Effects 中，帧混合设置如图 1-16 所示。

按 Ctrl+M 组合键，弹出"渲染队列"面板，单击"最佳设置"按钮，在弹出的"渲染设置"对话框中设置帧混合参数，如图 1-17 所示。

图 1-16   图 1-17

1.2.8 抗锯齿

锯齿的出现会使图像粗糙，不精细。提高图像质量是解决锯齿的主要办法，但有场的图像只有通过添加模糊、牺牲清晰度来抗锯齿。

按 Ctrl+M 组合键，弹出"渲染队列"面板，单击"最佳设置"按钮，在弹出的"渲染设置"对话框中设置抗锯齿参数，如图 1-18 所示。

如果是矢量图形，则可以单击囲按钮，一帧一帧地重新计算矢量图形的分辨率，如图 1-19 所示。

图 1-18   图 1-19

1.3 文件格式以及视频的输出

在 After Effects 中，有常用图形图像文件格式、常用视频压缩编码格式、常用音频压缩编码格式等多种文件格式。还可以根据视频输出设置输出视频。

1.3.1　常用图形图像文件格式

1.　GIF 格式

图像互换格式（Graphics Interchange Format，GIF）是 CompuServe 公司开发的存储 8 位图像的文件格式，支持图像的透明背景，采用无失真压缩技术，多用于网页制作和网络传输。

2.　JPEG 格式

联合图像专家组（Joint Photographic Experts Group，JPEG）格式是采用静止图像压缩编码技术的图像文件格式，是目前网络上应用最广的图像格式，支持不同程度的压缩比。

3.　BMP 格式

BMP 格式最初是 Windows 操作系统的画笔程序使用的图像格式，现在已经被多种图形图像处理软件支持和使用。它是位图格式，有单色位图、16 色位图、256 色位图、24 位真彩色位图等。

4.　PSD 格式

PSD 格式是 Adobe 公司开发的图像处理软件 Photoshop 使用的图像格式，它能保留 Photoshop 制作流程中各图层的图像信息，现有越来越多的图像处理软件开始支持这种文件格式。

5.　FLM 格式

FLM 格式是 Adobe Premiere 输出的一种图像格式。Adobe Premiere 将视频片段输出成序列帧图像，每帧的左下角为时间编码，以 SMPTE 时间编码标准显示，右下角为帧编号，可以在 Photoshop 软件中对其进行逐帧画面的再加工处理。

6.　TGA 格式

TGA（Tagged Graphics）格式的结构比较简单，属于图形、图像数据的一种通用格式，在多媒体领域有很大影响，是计算机上应用最广泛的图像格式。

7.　TIFF 格式

TIFF（Tag Image File Format）是 Aldus 和 Microsoft 公司为扫描仪和台式计算机出版软件开发的图像文件格式。TIFF 格式与 JPEG 格式和 PNG 格式一样，受到业界广泛欢迎。

8.　DXF 格式

DXF（Drawing-Exchange Files）是用于 Macintosh Quick Draw 图片的格式。

9.　PIC 格式

PIC（Quick Draw Picture）格式是用于 Macintosh Quick Draw 图片的格式。

10.　PCX 格式

PCX（PC Paintbrush Images）是 Z-soft 公司为存储画笔软件产生的图像而建立的图像文件格式，是位图文件的标准格式，是一种基于 PC 绘图程序的专用格式。

11.　EPS 格式

EPS（Encapsulated Post Script）格式包含矢量图形和位图图像，几乎支持所有的图形和页面排版程序。EPS 格式用于在应用程序间传输 PostScript 语言图稿。在 Photoshop 中打开其他程序创建的包含矢量图形的 EPS 文件时，Photoshop 会对此文件进行栅格化，将矢量图形转换为像素。EPS 格式支持多种颜色模式，但不支持 Alpha 通道，还支持剪贴路径。

12.　SGI 格式

SGI（SGI Sequence）格式输出的是基于 SGI 平台的文件格式，可以用于 After Effects 7.0 与

其他 SGI 上的高端产品间的文件交换。

13. RLA/RPF 格式

RLA/RPF 是一种可以包括 3D 信息的文件格式，通常用于三维软件在效果合成过程中的后期合成。该格式可以包括对象的 ID 信息、z 轴信息、法线信息等。RPF 相对于 RLA 来说，可以包含更多的信息，是一种较先进的文件格式。

1.3.2 常用视频压缩编码格式

1. AVI 格式

音频视频交错（Audio Video Interleaved，AVI）格式可以将视频和音频交织在一起同步播放。AVI 格式的优点是图像质量好，可以跨多个平台使用；缺点是文件过于庞大，更加糟糕的是压缩标准不统一，因此经常会遇到高版本 Windows 媒体播放器播放不了采用早期编码结构编辑的 AVI 格式视频，而低版本 Windows 媒体播放器又播放不了采用最新编码结构编辑的 AVI 格式视频。

2. DV-AVI 格式

目前非常流行的数码摄像机就是使用 DV-AVI（Digital Video AVI）格式记录视频数据的。它可以通过计算机的 IEEE 1394 端口传输视频数据到计算机，也可以将计算机中编辑好的视频数据回录到数码摄像机中。因为这种格式的文件扩展名一般也是.avi，所以人们习惯叫它为 DV-AVI 格式。

3. MPEG 格式

动态图像专家组（Moving Picture Expert Group，MPEG）是 VCD、SVCD、DVD 使用的格式。MPEG 格式是运动图像的压缩算法的国际标准，它采用了有损压缩方法减少运动图像中的冗余信息。MPEG 格式的压缩方法说得更加深入一些就是保留相邻两幅画面绝大多数相同的部分，而把后续图像中与前面图像冗余的部分去除，从而达到压缩的目的。目前 MPEG 格式有 3 个压缩标准，分别是 MPEG-1、MPEG-2 和 MPEG-4。

⊙ MPEG-1。它是针对 1.5Mbit/s 以下数据传输率的数字存储媒体运动图像及其伴音编码设计的国际标准，也就是通常见到的 VCD 制式格式。这种视频格式的扩展名包括.mpg、.mlv、.mpe、.mpeg 及 VCD 光盘中的.dat 等。

⊙ MPEG-2。其设计目标为高级工业标准的图像质量以及更高的传输率。这种格式主要应用在 DVD/SCVD 的制作（压缩）方面，同时在一些高清晰度电视（High Definition Television，HDTV）和一些高要求视频编辑、处理上也有相当的应用。这种格式的文件扩展名包括.mpg、.mlv、.mpe、.mpeg、m2v 及 DVD 光盘中的.vob 等。

⊙ MPEG-4。MPEG-4 是为了播放流式媒体的高质量视频专门设计的，它可以利用很窄的带宽，通过帧重建技术压缩和传输数据，以求使用最少的数据获得最佳的图像质量。MPEG-4 最有吸引力的地方在于它能够保存接近于 DVD 画质的小视频文件。这种格式的文件扩展名包括.asf、.mov、.DivX 和.AVI 等。

4. H.264 格式

H.264 格式是由 ISO/IEC 与 ITU-T 组成的联合视频组（Joint Video Team，JVT）制定的新一代视频压缩编码标准。在 ISO/IEC 中，该标准命名为 AVC（Advanced Video Coding），作为 MPEG-4 标准的第 10 个选项，在 ITU-T 中正式命名为 H.264 标准。

H.264 和 H.261、H.263 一样，也是采用 DCT 变换编码加 DPCM 的差分编码，即混合编码结构。同时，H.264 在混合编码的框架下引入新的编辑方式，提高了编辑效率，更贴近实际应用。

H.264 没有烦琐的选项，而是力求简洁的"回归基本"。它具有比 H.263++更好的压缩性能，又具有适应多种信道的能力。

H.264 应用广泛，可满足各种不同速率、不同场合的视频应用，具有良好的抗误码和抗丢包处理能力。

H.264 的基本系统无需使用版权，具有开放的性质，能很好地适应 IP 和无线网络的使用环境，这对目前在因特网中传输多媒体信息、在移动网中传输宽带信息等都具有重要意义。

H.264 标准使运动图像压缩技术上升到了更高的阶段，在较低带宽上提供高质量的图像传输是 H.264 的应用亮点。

5．DivX 格式

这是由 MPEG-4 衍生出的另一种视频编码（压缩）标准，也就是通常所说的 DVDrip 格式，它在采用 MPEG-4 的压缩算法同时，综合了 MPEG-4 与 MP3 各方面的技术，也就是使用 DivX 压缩技术对 DVD 盘片的视频图像进行高质量压缩，同时使用 MP3 和 AC3 对音频进行压缩，然后将视频与音频合成并加上相应的外挂字幕文件。其画质接近 DVD 并且大小只有 DVD 的数分之一。

6．MOV 格式

MOV 是由美国 Apple 公司开发的一种视频格式，默认的播放器是苹果的 Quick Time Player。它具有较高的压缩比率和较完美的视频清晰度等特点，但是其最大的特点还是跨平台性，不仅支持 Mac OS，而且支持 Windows 系列。

7．ASF 格式

ASF（Advanced Streaming Format）是微软为了和现在的 Real Player 竞争而推出的一种视频格式，可以直接使用 Windows Media Player 播放 ASF 格式视频。由于它使用了 MPEG-4 的压缩算法，所以压缩率和图像的质量都很不错。

8．RM 格式

RM 格式是 Real Networks 公司制定的音频视频压缩规范，全称为 Real Media，用户可以使用 RealPlayer 和 Real One Player 定时播放符合 Real Media 技术规范的网络音频/视频资源，并且 Real Media 还可以根据不同的网格传输速率制定出不同的压缩比率，从而实现在低速率的网络上实时传送和播放影像数据。这种格式的另一个特点是用户使用 RealPlayer 或 Real One Player 播放器可以在不下载音频/视频内容的条件下，实现在线播放。

9．RMVB 格式

这是一种由 RM 视频格式升级延伸出的新视频格式，RMVB 格式的先进之处在于打破了原 RM 格式那种平均压缩采样的方式，在保证平均压缩比的基础上，合理利用浮动比特率编码方式，即静止和动作场面少的画面场景采用较低的编码速率，这样可以留出更多的带宽空间，而这些带宽会在出现快速运动的画面场景时被利用。这样在保证静止画面质量的前提下，大幅提高运动图像的画面质量，从而使图像画面质量和文件大小之间达到了巧妙的平衡。

1.3.3　常用音频压缩编码格式

1．CD 格式

当今音质最好的音频格式是 CD。在大多数播放软件的"打开文件类型"中，都可以看到*.cda 文件，这就是 CD 音轨。标准 CD 格式采用 44.1kHz 的采样频率，传输速率为 88kbit/s，16 位量化位数，因为 CD 音轨可以说是近似无损的，所以它的声音是非常接近原声的。

CD 光盘可以在 CD 唱片机中播放，也能用计算机中的各种播放软件来重放。一个 CD 音频文件是一个*.cda 文件，这只是一个索引信息，并不真正包含声音信息，所以不论 CD 音乐长短，在计算机上看到的*.cda 文件都是 44 字节。

> 不能直接将 CD 格式的.cda 文件复制到硬盘上播放，需要使用像 EAC 这样的抓音轨软件把 CD 格式的文件转换成 WAV 格式，如果光盘驱动器质量过关而且 EAC 的参数设置得当的话，可以说 EAC 能够基本上无损抓音频，推荐大家使用这种方法。

2. WAV 格式

WAV 是微软公司开发的一种声音文件格式，它符合资源互换（Resource Interchange File Format，RIFF）文件规范，用于保存 Windows 平台的音频资源，被 Windows 平台及其应用程序支持。WAV 格式支持 MSADPCM、CCITT ALAW 等多种压缩算法，支持多种音频位数、采样频率和声道，标准格式的 WAV 文件和 CD 格式一样，也是 44.1kHz 的采样频率，传输速率为 88 kbit/s，16 位量化位数。

3. MP3 格式

MP3 格式诞生于 20 世纪 80 年代的德国，所谓的 MP3 指的是 MPEG 标准中的音频部分，也就是 MPEG 音频层。根据压缩质量和编码处理的不同音频分为 3 层，分别对应*.mp1、*.mp2、*.mp3 这 3 种声音文件。

> MPEG 音频文件的压缩是一种有损压缩，MPEG3 音频编码具有 10:1~12:1 的高压缩率，同时基本保持低音频部分不失真，但是牺牲了声音文件中 12kHz~16kHz 高音频部分的质量来降低文件大小。

相同长度的音乐文件如果用 MP3 格式来存储，一般只有 WAV 格式文件的 1/10，而音质次于 CD 格式或 WAV 格式的声音文件。

4. MIDI 文件格式

MIDI（Musical Instrument Digital Interface）文件格式允许数字合成器与其他设备交换数据。MIDI 文件并不是一段录制好的声音，而是记录声音的信息，然后告诉声卡如何再现音乐的一组指令。这样一个 MIDI 文件每存储 1 分钟的音乐只用 5~10KB。

MIDI 文件主要用于保存原始乐器作品、流行歌曲的业余表演、游戏音轨以及电子贺卡等。MIDI 文件重放的效果完全依赖于声卡的档次。MIDI 格式的最大用处是在计算机作曲领域。*.mid 文件可以用作曲软件写出，也可以通过声卡的 MIDI 口把外接乐器演奏的乐曲输入计算机中，制成 MIDI 文件。

5. WMA 格式

WMA（Windows Media Audio）格式的音质要强于 MP3 格式，更远胜于 RA 格式，它和日本 YAMAHA 公司开发的 VQF 格式一样，以减少数据流量但保持音质的方法来达到比 MP3 格式压缩率更高的目的，WMA 格式的压缩率一般都可以达到 1:18 左右。

WMA 格式的另一个优点是内容提供商可以通过数字版权管理（Digital Rights Management，DRM）方案，如 Windows Media Rights Manager 7，加入防复制保护。这种内置的版权保护技术可以限制播放时间和播放次数，甚至播放的机器等，这对被盗版搅得焦头烂额的音乐公司来说是一个福音，另外，WMA 格式还支持音频流（Stream）技术，适合网络上在线播放。

WMA 格式在录制时可以调节音质。同是 WMA 格式，音质好的可与 CD 格式媲美，压缩率较高的可用于串流媒体及行动装置。

1.3.4 视频输出的设置

按 Ctrl+M 组合键，弹出"渲染队列"面板，单击"输出组件"选项右侧的"无损"按钮，弹出"输出组件设置"对话框，在该对话框中可以对视频的输出格式及其相应的编码方式，视频大小、比例以及音频等进行输出设置，如图 1-20 所示。

格式：在"格式"下拉列表中可以选择输出格式和输出图序列，一般使用 TGA 格式的序列文件，输出样品成片可以使用 AVI 和 MOV 格式，输出贴图可以使用 TIF 和 PIC 格式。

格式选项：在输出图片序列时，单击该按钮，在打开的对话框中可以选择输出颜色位数；在输出影片时，可以设置压缩方式和压缩比。

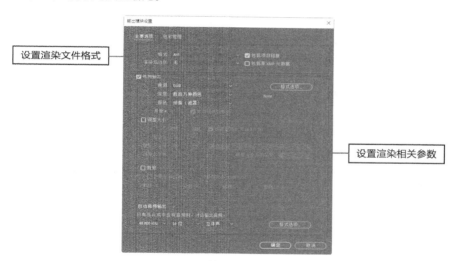

设置渲染文件格式

设置渲染相关参数

图 1-20

1.3.5 视频文件的打包设置

一些影视合成或者编辑团体软件中用到素材可能分布在硬盘的各个地方，从而在另外的设备上打开工程文件时会碰到部分文件丢失的情况。如果要一个一个地把素材找出来并复制显然很麻烦，使用"打包"命令可以自动把文件收集在一个目录中打包。

选择"文件 > 整理工程（文件）> 收集文件"命令，在弹出的对话框中单击"收集"按钮，即可完成打包操作，如图 1-21 所示。

图 1-21

第 2 章
图层的应用

本章介绍 After Effects 中图层的应用与操作。读者通过本章的学习，可以充分理解图层的概念，并掌握图层的基本操作方法和使用技巧。

课堂学习目标

- ✔ 理解图层的概念
- ✔ 图层的基本操作
- ✔ 图层的基本变化属性和关键帧动画

2.1 理解图层概念

在 After Effects 中无论是创作、合成动画，还是效果处理等操作都离不开图层，因此制作动态影像的第一步就是了解和掌握图层。"时间轴"面板中的素材都是以图层的方式按照上下位置关系依次排列组合的，如图 2-1 所示。

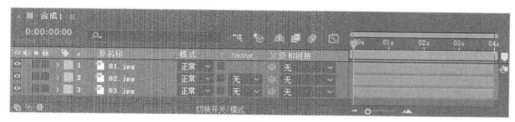

图 2-1

可以将 After Effects 软件中的图层想象为一层层叠放的透明胶片，上一层有内容的地方将遮盖住下一层的内容，上一层没有内容的地方则露出下一层的内容，上一层的部分处于半透明状态时，将依据半透明程度混合显示下层内容，这是图层最简单、最基本的概念。图层与图层之间还存在更复杂的合成组合关系，如叠加模式、蒙版合成方式等。

2.2 图层的基本操作

图层有改变图层顺序、复制与替换图层、给图层添加标记、让图层自动适合合成图像尺寸、对齐图层和分布图层等基本操作。

2.2.1 课堂案例——飞舞组合字

案例学习目标

学会使用文字的动画控制器实现丰富多彩的文字特效动画。

案例知识要点

使用"导入"命令，导入文件；新建合成并命名为"飞舞组合字"，为文字添加动画控制器，设置相关的关键帧，制作文字飞舞效果并最终组合效果；为文字添加"斜面 Alpha""阴影"立体效果。飞舞组合字效果如图 2-2 所示。

效果所在位置

云盘\Ch02\飞舞组合字\飞舞组合字.aep。

扫码观看
本案例视频

扫码查看
扩展资源

图 2-2

1. 输入文字

（1）按 Ctrl+N 组合键，弹出"合成设置"对话框，在"合成名称"文本框中输入"最终效果"，其他选项的设置如图 2-3 所示，单击"确定"按钮，创建一个新的合成"最终效果"。选择"文件 > 导入 > 文件"命令，在弹出的"导入文件"对话框中，选择云盘中的"Ch02\飞舞组合字\（Footage）\01.jpg"文件，如图 2-4 所示，单击"导入"按钮，导入背景图片，并将其拖曳到"时间轴"面板中。

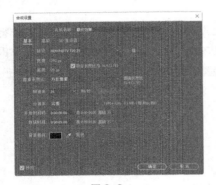

图 2-3

图 2-4

（2）选择"横排文字工具" **T**，在"合成"面板输入文字"3 月 12 日 全民植树节"，在"字符"面板中，设置"填充颜色"为黄绿色（其 R、G、B 值分别为 182、193、0），其他选项的设置如图 2-5 所示。"合成"面板中的效果如图 2-6 所示。

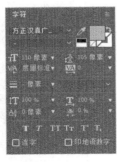

图 2-5

图 2-6

（3）选中文字"3 月 12 日"，在"字符"面板中设置文字参数，如图 2-7 所示。"合成"面板中的效果如图 2-8 所示。

图 2-7

图 2-8

（4）选中"文字"图层，单击"段落"面板中的"右对齐文本"按钮，如图 2-9 所示。"合成"面板中的效果如图 2-10 所示。

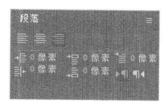

图 2-9

图 2-10

2. 添加关键帧动画

（1）展开"文本"图层的"变换"属性，设置"位置"为 911.0、282.0，如图 2-11 所示。"合成"面板中的效果如图 2-12 所示。

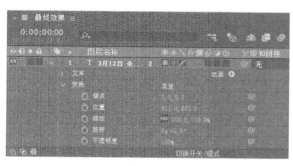

图 2-11

图 2-12

（2）单击"动画"右侧的按钮，在弹出的选项中选择"锚点"，如图 2-13 所示。在"时间轴"面板中自动添加一个"动画制作工具 1"选项，设置"锚点"为 0.0、-30.0，如图 2-14 所示。

图 2-13   图 2-14

（3）按照上述方法再添加一个"动画制作工具 2"选项。单击"动画制作工具 2"右侧的"添加"按钮 ，在弹出的菜单中选择"选择器 > 摆动"选项，如图 2-15 所示，展开"摆动选择器 1"属性，设置"摇摆/秒"为 0.0，"关联"为 73%，如图 2-16 所示。

图 2-15   图 2-16

（4）再次单击"添加"按钮 ，添加"位置""缩放""旋转""填充色相"选项，分别选择后再设定各自的参数，如图 2-17 所示。在"时间轴"面板中，将时间标签放置在 3s 的位置，分别单击这 4 个选项左侧的"关键帧自动记录器"按钮 ，如图 2-18 所示，记录第 1 个关键帧。

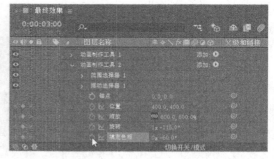

图 2-17   图 2-18

（5）在"时间轴"面板中，将时间标签放置在 4s 的位置，设置"位置"为 0.0,0.0，"缩放"为 100.0,100.0%，"旋转"为 0x+0.0°，"填充色相"为 0x+0.0°，如图 2-19 所示，记录第 2 个关键帧。

（6）展开"摆动选择器 1"属性，将时间标签放置在 0s 的位置，分别单击"时间相位"和"空间相位"选项左侧的"关键帧自动记录器"按钮 ，记录第 1 个关键帧。设置"时间相位"为 2x+0.0°，

"空间相位"为 2x+0.0°，如图 2-20 所示。

图 2-19

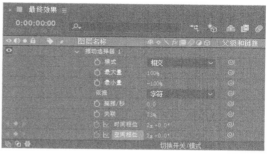

图 2-20

（7）将时间标签放置在 1s 的位置，如图 2-21 所示，在"时间轴"面板中，设置"时间相位"为 2x+200.0°，"空间相位"为 2x+150.0°，如图 2-22 所示，记录第 2 个关键帧。将时间标签放置在 2s 的位置，设置"时间相位"为 3x+160.0°，"空间相位"为 3x+125.0°，如图 2-23 所示，记录第 3 个关键帧。将时间标签放置在 3s 的位置，设置"时间相位"为 4x+150.0°，"空间相位"为 4x+110.0°，如图 2-24 所示，记录第 4 个关键帧。

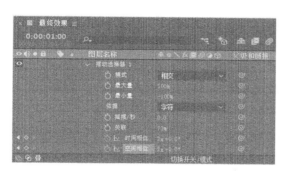

图 2-21

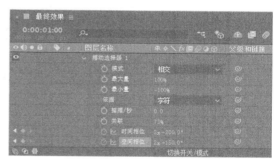

图 2-22

图 2-23

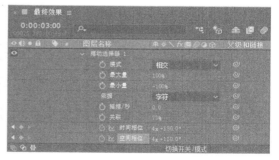

图 2-24

3. 添加立体效果

（1）选中"文本"图层，选择"效果 > 透视 > 斜面 Alpha"命令，在"效果控件"面板中设置参数，如图 2-25 所示。"合成"面板中的效果如图 2-26 所示。

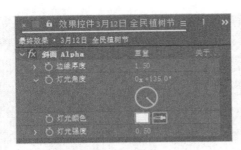
图 2-25

图 2-26

（2）选择"效果 > 透视 > 投影"命令，在"效果控件"面板中设置参数，如图 2-27 所示。"合成"面板中的效果如图 2-28 所示。

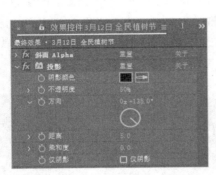
图 2-27

图 2-28

（3）在"时间轴"面板中单击"运动模糊"按钮 ，将其激活。单击"文本"图层右侧的"运动模糊"按钮 ，如图 2-29 所示。飞舞组合字制作完成，效果如图 2-30 所示。

图 2-29

图 2-30

2.2.2　将素材放置到时间轴

素材只有放入时间轴中才可以编辑。将素材放入时间轴的方法如下。

● 将素材直接从"项目"面板拖曳到"合成"面板中，如图 2-31 所示，可以决定素材在合成画面中的位置。

● 在"项目"面板中将素材拖曳到"合成"图层上，如图 2-32 所示。

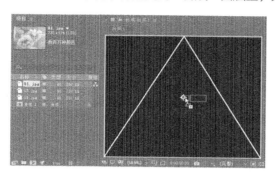

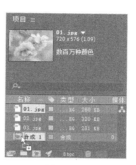

图 2-31   图 2-32

● 在"项目"面板选中素材，按 Ctrl+ / 组合键，将所选素材置入当前"时间轴"面板中。

● 将素材从"项目"面板拖曳到"时间轴"面板区域，在未松开鼠标左键时，"时间轴"面板中显示一条蓝色线，根据这条线所在的位置可以决定置入哪一层，如图 2-33 所示。

● 将素材从"项目"面板拖曳到"时间轴"面板，在未松开鼠标左键时，不仅出现一条蓝色线决定置入哪一层，还会在时间标尺处显示时间标签决定素材入场的时间，如图 2-34 所示。

图 2-33   图 2-34

● 在"项目"面板中双击素材，通过"素材"预览面板打开素材，单击 ![]、![] 两个按钮设置素材的入点和出点，再单击"波纹插入编辑"按钮 ![] 或者"叠加编辑"按钮 ![]，将素材插入"时间轴"面板，如图 2-35 所示。

2.2.3　改变图层的顺序

● 在"时间轴"面板中选择图层，将其上下拖动到适当的位置，可以改变图层顺序，注意观察蓝色水平线的位置，如图 2-36 所示。

图 2-35

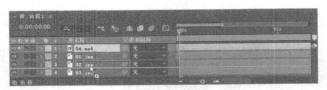

图 2-36

● 在"时间轴"面板中选择图层，通过菜单和快捷键移动上下图层位置。

① 选择"图层 > 排列 > 将图层置于顶层"命令，或按 Ctrl+Shift+] 组合键将图层移到最顶层。

② 选择"图层 > 排列 > 将图层前移一层"命令，或按 Ctrl+] 组合键将图层往上移一层。

③ 选择"图层 > 排列 > 将图层后移一层"命令，或按 Ctrl+ [组合键将图层往下移一层。

④ 选择"图层 > 排列 > 将图层置于底层"命令，或按 Ctrl+Shift+ [组合键将图层移到最下层。

2.2.4 复制和替换图层

1. 复制图层

方法一：

● 选中图层，选择"编辑 > 复制"命令，或按 Ctrl+C 组合键复制图层。

● 选择"编辑 > 粘贴"命令，或按 Ctrl+V 组合键粘贴图层，粘贴出来的新图层将保持开始所选图层的所有属性。

方法二：

选中图层，选择"编辑 > 重复"命令，或按 Ctrl+D 组合键快速复制图层。

2. 替换图层

方法一：

在"时间轴"面板中选择需要替换的图层，在"项目"面板中按住 Alt 键的同时，将替换的新素材拖曳到"时间轴"面板，如图 2-37 所示。

方法二：

● 在"时间轴"面板中选择需要替换的图层，单击鼠标右键，在弹出的快捷菜单中选择"显示 > 在项目流程图中显示图层"命令，打开"流程图"面板。

● 在"项目"面板中，将替换的新素材拖曳到流程图窗口中目标图层图标上方，如图 2-38 所示。

图 2-37

图 2-38

2.2.5 给图层添加标记

标记对于声音来说有特殊的意义，例如，在某个高音处，或者某个鼓点处，设置图层标记，在整个创作过程中，可以快速、准确地知道某个时间位置发生些什么。

1. 添加图层标记

⊙ 在"时间轴"面板中选择图层，并移动当前时间标签到指定时间点上，如图 2-39 所示。

图 2-39

⊙ 选择"图层 > 标记 > 添加标记"命令，或按数字键盘上的 * 键添加图层标记，如图 2-40 所示。

图 2-40

提示　　在视频创作过程中，视觉画面总是与音乐匹配的，选择背景音乐图层，按数字键盘上的 0 键预听音乐。注意一边听一边在音乐变化时，按数字键盘上的 * 键设置标记，以作为后续动画关键帧的位置参考，停止音乐播放后，将呈现所有标记。

2. 修改图层标记

单击并拖曳图层标记到新的时间位置上即可；或双击图层标记，弹出"图层标记"对话框，在"时间"文本框中输入目标时间，精确修改图层标记的时间位置，如图 2-41 所示。

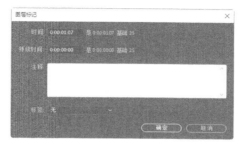

图 2-41

另外，为了更好地识别各个标记，可以给标记添加注释。双击标记，弹出"图层标记"对话框，在"注释"文本框中输入说明文字，如"更改从此处开始"，如图 2-42 所示。

图 2-42

3. 删除图层标记

● 在目标标记上单击鼠标右键，在弹出的快捷菜单中选择"删除此标记"或者"删除所有标记"命令。

● 在按住 Ctrl 键的同时，将鼠标指针移至标记处，鼠标指针变为▸◣（剪刀）形状时，单击鼠标即可删除标记。

2.2.6　让图层自动适合合成图像尺寸

● 选择图层，选择"图层 > 变换 > 适合复合"命令，或按 Ctrl+Alt+F 组合键使图层尺寸自动适合图像尺寸，如果图层的长宽比与合成图像的长宽比不一致，将导致合成图像变形，如图 2-43 所示。

● 选择"图层 > 变换 > 适合复合宽度"命令，或按 Ctrl+Alt+Shift+H 组合键使图层宽度适合合成图像宽度，如图 2-44 所示。

● 选择"图层 > 变换 > 适合复合高度"命令，或按 Ctrl+Alt+Shift+G 组合键使图层高度适合合成图像高度，如图 2-45 所示。

图 2-43　　　　　　　　　图 2-44　　　　　　　　　图 2-45

2.2.7　对齐图层和分布图层

选择"窗口 > 对齐"命令，弹出"对齐"面板，如图 2-46 所示。

"对齐"面板上的第一行按钮从左到右分别为"左对齐"按钮、"水平对齐"按钮、"右对齐"按钮、"顶对齐"按钮、"垂直对齐"按钮、"底对齐"按钮。第二行按钮从左到右分别为"按顶分布"按钮、"垂直均匀分布"按钮、"按底分布"按钮、"按左分布"按钮、"水平均匀分布"按钮和"水平方向右分布"按钮。

图 2-46

⊙ 在"时间轴"面板中，同时选中 1~4 层所有文本图层。选择第 1 层，在按住 Shift 键的同时，选择第 4 层，如图 2-47 所示。

● 单击"对齐"面板中的"水平对齐"按钮 ，将选中的图层水平居中对齐；再次单击"垂直均匀分布"按钮 ，以"合成"面板画面位置最上层和最下层为基准，平均分布中间两层，达到垂直间距一致，如图 2-48 所示。

图 2-47

图 2-48

2.3 图层的基本变化属性和关键帧动画

在 After Effects 中，图层有 5 个基本变化属性，添加不同的属性可以制作出不同的变化效果，同时还可以为属性添加关键帧，制作属性变化效果。下面将对图层的 5 个基本变化属性和为属性添加关键帧进行讲解。

2.3.1 课堂案例——海上动画

案例学习目标

学会使用图层的 5 个属性并为属性添加关键帧制作动画效果。

案例知识要点

使用"导入"命令，导入素材；使用"位置"属性，制作波浪动画；使用"位置"属性、"缩放"属性和"不透明度"属性，制作最终效果。海上动画效果如图 2-49 所示。

图 2-49

扫码观看
本案例视频

扫码查看
扩展案例

效果所在位置

云盘\Ch02\海上动画\海上动画.aep。

1. 导入素材并制作波浪动画

（1）按 Ctrl+N 组合键，弹出"合成设置"对话框，在"合成名称"文本框中输入"波浪动画"，其他选项的设置如图 2-50 所示，单击"确定"按钮，创建一个新的合成"波浪动画"。选择"文件 > 导入 > 文件"命令，弹出"导入文件"对话框，选择云盘中的"Ch02\海上动画\（Footage）\01.jpg，02.png~08.png"文件，如图 2-51 所示，单击"导入"按钮，将图片导入"项目"面板中。

图 2-50

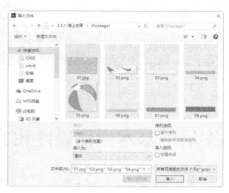

图 2-51

（2）在"项目"面板中，选中 04.png ~ 08.png 文件，并将它们拖曳到"时间轴"面板中，图层的排列如图 2-52 所示。"合成"面板中的效果如图 2-53 所示。

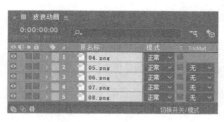

图 2-52

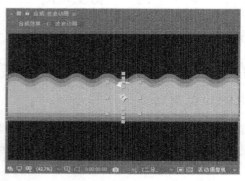

图 2-53

（3）选中"08.png"图层，按 P 键，展开"位置"属性，设置"位置"为 514.0、510.7，如图 2-54 所示。"合成"面板中的效果如图 2-55 所示。

（4）保持时间标签在 0s 的位置，单击"位置"选项左侧的"关键帧自动记录器"按钮，如图 2-56 所示，记录第 1 个关键帧。将时间标签放置在 04:24s 的位置，在"时间轴"面板中设置"位置"为 758.0、510.7，如图 2-57 所示，记录第 2 个关键帧。

（5）将时间标签放置在 0s 的位置，选中"07.png"图层，按 P 键，展开"位置"属性，设置"位置"为 735.6、546.9，单击"位置"选项左侧的"关键帧自动记录器"按钮，如图 2-58 所示，记录第 1 个关键帧。将时间标签放置在 04:24s 的位置，在"时间轴"面板中设置"位置"为 547.6、546.9，如图 2-59 所示，记录第 2 个关键帧。

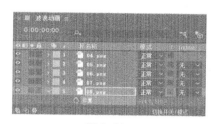

图 2-54

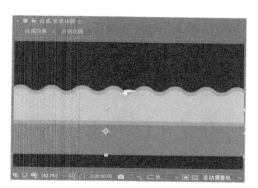

图 2-55

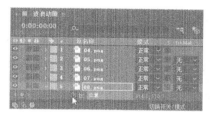

图 2-56

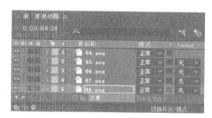

图 2-57

图 2-58

图 2-59

（6）将时间标签放置在 0s 的位置，选中"06.png"图层，按 P 键，展开"位置"属性，设置"位置"为 514.0、552.7，单击"位置"选项左侧的"关键帧自动记录器"按钮，如图 2-60 所示，记录第 1 个关键帧。将时间标签放置在 4:24s 的位置，在"时间轴"面板中设置"位置"为 763.0、552.7，如图 2-61 所示，记录第 2 个关键帧。

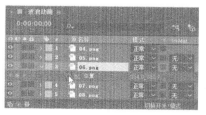

图 2-60

图 2-61

（7）将时间标签放置在 0s 的位置，选中"05.png"图层，按 P 键，展开"位置"属性，设置"位置"为 228.8,535.3，单击"位置"选项左侧的"关键帧自动记录器"按钮，如图 2-62 所示，记录第 1 个关键帧。将时间标签放置在 2s 的位置，单击"在当前时间添加或移除关键帧"按钮，如图 2-63 所示，记录第 2 个关键帧。用相同的方法在 4s 的位置添加一个关键帧。

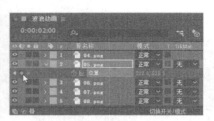

图 2-62   图 2-63

（8）将时间标签放置在 1s 的位置，在"时间轴"面板中设置"位置"为 222.8、575.3，如图 2-64 所示，记录第 4 个关键帧。将时间标签放置在 3s 的位置，在"时间轴"面板中设置"位置"为 222.8、575.3，如图 2-65 所示，记录第 5 个关键帧。将时间标签放置在 4:24s 的位置，在"时间轴"面板中设置"位置"为 222.8、575.3，如图 2-66 所示，记录第 6 个关键帧。

图 2-64   图 2-65   图 2-66

（9）将时间标签放置在 0s 的位置，选中"04.png"图层，按 P 键，展开"位置"属性，设置"位置"为 769.0、638.0，单击"位置"选项左侧的"关键帧自动记录器"按钮，如图 2-67 所示，记录第 1 个关键帧。将时间标签放置在 4:24s 的位置，在"时间轴"面板中设置"位置"为 522.0、638.0，如图 2-68 所示，记录第 2 个关键帧。

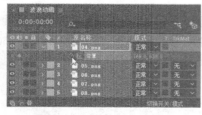
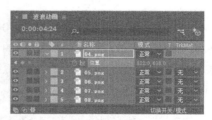

图 2-67   图 2-68

2. 制作最终效果

（1）按 Ctrl+N 组合键，弹出"合成设置"对话框，在"合成名称"文本框中输入"最终效果"，其他选项的设置如图 2-69 所示，单击"确定"按钮，创建一个新的合成"最终效果"。

（2）在"项目"面板中选中"01.jpg""02.png""03.png"和"波浪动画"合成，并将它们都拖曳到"时间轴"面板中，图层的排列如图 2-70 所示。

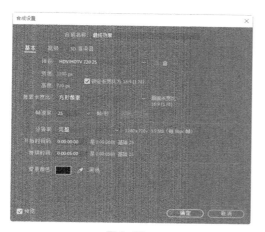

图 2-69

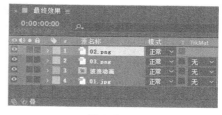

图 2-70

（3）选中"波浪动画"图层，按 P 键，展开"位置"属性，设置"位置"为 640.0、437.0，如图 2-71 所示。"合成"面板中的效果如图 2-72 所示。

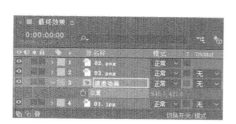

图 2-71

图 2-72

（4）选中"03.png"图层，按 P 键，展开"位置"属性，设置"位置"为 633.0、319.0，如图 2-73 所示。"合成"面板中的效果如图 2-74 所示。

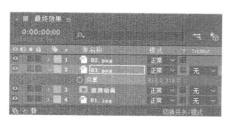

图 2-73

图 2-74

（5）按 T 键，展开"不透明度"属性，设置"不透明度"为 0%，单击"不透明度"选项左侧的"关键帧自动记录器"按钮，如图 2-75 所示，记录第 1 个关键帧。将时间标签放置在 1s 的位置，在"时间轴"面板中设置"不透明度"为 100%，如图 2-76 所示，记录第 2 个关键帧。

 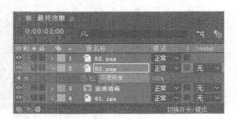

图 2-75　　　　　　　　　　　　　　　　图 2-76

（6）选中"02.png"图层，按 P 键，展开"位置"属性，设置"位置"为 442.0、208.0，如图 2-77 所示。"合成"面板中的效果如图 2-78 所示。

图 2-77　　　　　　　　　　　　　　　　图 2-78

（7）按 S 键，展开"缩放"属性，设置"缩放"为 0.0,0.0%，单击"缩放"选项左侧的"关键帧自动记录器"按钮 🕐，如图 2-79 所示，记录第 1 个关键帧。将时间标签放置在 01:11s 的位置，在"时间轴"面板中设置"缩放"为 100.0,100.0%，如图 2-80 所示，记录第 2 个关键帧。海上动画效果制作完成。

图 2-79　　　　　　　　　　　　　　　　图 2-80

2.3.2　了解图层的基本变化属性

除了单独的音频图层以外，各类型图层至少有 5 个基本变化属性，它们分别是锚点、位置、缩放、旋转和不透明度。可以单击"时间轴"面板中图层色彩标签前面的小箭头按钮 > 展开"变换"属性标题，再次单击"变换"左侧的小箭头按钮 > ，展开各个变换属性的具体参数，如图 2-81 所示。

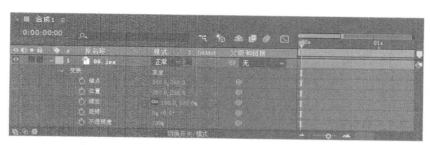

图 2-81

1. 锚点属性

无论一个图层的面积多大，当其位置移动、旋转和缩放时，都是依据一个点来操作的，这个点就是锚点。

选择需要的图层，按 A 键，展开"锚点"属性，如图 2-82 所示。以锚点为基准，如图 2-83 所示。例如，旋转操作如图 2-84 所示，缩放操作如图 2-85 所示。

图 2-82

图 2-83

图 2-84

图 2-85

2. 位置属性

选择需要的图层，按 P 键，展开"位置"属性，如图 2-86 所示。以锚点为基准，如图 2-87 所示，在图层的"位置"属性后方的数字上拖曳鼠标（或单击输入需要的数值），如图 2-88 所示。松开鼠标左键，效果如图 2-89 所示。

普通二维图层的位置属性由 x 轴和 y 轴两个参数组成，如果是三维图层，则由 x 轴、y 轴和 z 轴 3 个参数组成。

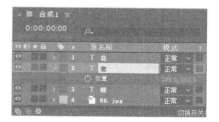

图 2-86

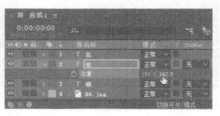

图 2-87   图 2-88   图 2-89

提示

在制作位置动画时，为了保持移动时的方向性，可以选择"图层 > 变换 > 自动定向"命令，弹出"自动定向"对话框，选择"沿路径定向"选项。

3. 缩放属性

选择需要的图层，按 S 键，展开"缩放"属性，如图 2-90 所示。以锚点为基准，如图 2-91 所示，在图层的"缩放"属性后方的数字上拖曳鼠标（或单击输入需要的数值），如图 2-92 所示。松开鼠标左键，效果如图 2-93 所示。

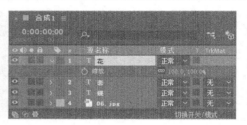

图 2-90

图 2-91   图 2-92   图 2-93

普通二维图层的缩放属性由 x 轴和 y 轴两个参数组成，如果是三维图层，则由 x 轴、y 轴和 z 轴 3 个参数组成。

4. 旋转属性

选择需要的图层，按 R 键，展开"旋转"属性，如图 2-94 所示。以锚点为基准，如图 2-95 所示，在层的"旋转"属性后方的数字上拖曳鼠标（或单击输入需要的数值），如图 2-96 所示。松开鼠标左键，效果如图 2-97 所示。普通二维图层的旋转属性由圈数和度数两个参数

图 2-94

组成，如"1x+180°"。

 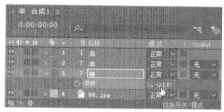 

图 2-95　　　　　　　　　　　图 2-96　　　　　　　　　　　图 2-97

如果是三维图层，则旋转属性将增加为 4 个：方向可以同时设定 x、y、z 3 个轴，x 轴旋转仅调整 x 轴旋转，y 轴旋转仅调整 y 轴旋转，z 轴旋转仅调整 z 轴旋转，如图 2-98 所示。

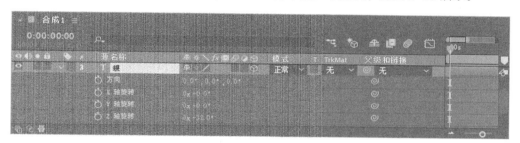

图 2-98

5．不透明度属性

选择需要的图层，按 T 键，展开"不透明度"属性，如图 2-99 所示。以锚点为基准，如图 2-100 所示，在图层的"不透明度"属性后方的数字上拖曳鼠标（或单击输入需要的数值），如图 2-101 所示。松开鼠标左键，效果如图 2-102 所示。

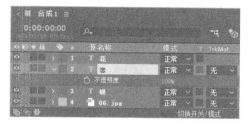

图 2-99

图 2-100　　　　　　　　　　图 2-101　　　　　　　　　　图 2-102

可以在按住 Shift 键的同时，按显示各属性的快捷键来自定义组合显示属性。例如，只想看见图层的"位置"和"不透明度"属性，可以选取图层之后，按 P 键，然后在按住 Shift 键的同时，按 T 键完成，如图 2-103 所示。

图 2-103

2.3.3　利用位置属性制作位置动画

选择"文件 > 打开项目"命令，或按 Ctrl+O 组合键，弹出"打开"对话框，选择云盘中的"基础素材\Ch02\纸飞机\纸飞机.aep"文件，如图 2-104 所示，单击"打开"按钮，打开此文件，如图 2-105 所示。

图 2-104

图 2-105

在"时间轴"面板中选中"02.png"图层，按 P 键，展开"位置"属性，确定当前时间标签处于 0s 的位置，调整"位置"属性的 x 值和 y 值分别为 94.0 和 632.0，如图 2-106 所示；或选择"选取工具" ▶，在"合成"面板中将"纸飞机"图形移动到画面的左下方，如图 2-107 所示。单击"位置"属性名称左侧的"关键帧 3 自动记录器"按钮 ⏱，开始自动记录位置关键帧信息。

按 Alt+Shift+P 组合键也可以实现上述操作，此组合键可以在任意地方添加或删除位置属性关键帧。

移动时间标签到 4:24s 的位置，调整"位置"属性的 x 值和 y 值分别为 1164.0 和 98.0，或选择

"选取工具" 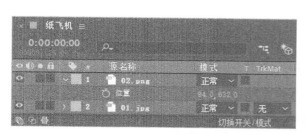，在"合成"面板中将"纸飞机"图形移动到画面的右上方，在"时间轴"面板当前时间下，"位置"属性将自动添加一个关键帧，如图 2-108 所示；并在"合成"面板中显示动画路径，如图 2-109 所示。按 0 键，预览动画。

图 2-106

图 2-107

图 2-108

图 2-109

1. 手动方式调整"位置"属性

⊙ 选择"选取工具" ，直接在"合成"面板中拖动图层。

⊙ 在"合成"面板中拖动图层时，按住 Shift 键，以水平或垂直方向移动图层。

⊙ 在"合成"面板中拖动图层时，按住 Alt+Shift 组合键，将使图层的边逼近合成图像边缘。

⊙ 以一个像素点移动图层可以使用上、下、左、右 4 个方向键实现；以 10 个像素点移动图层可以在按住 Shift 键的同时，按上、下、左、右 4 个方向键实现。

2. 数字方式调整"位置"属性

⊙ 当鼠标指针呈 形状时，在参数值上左右拖曳鼠标可以修改值。

⊙ 单击参数将出现输入框，可以在其中输入具体数值。输入框也支持加减法运算，例如，输入"+20"，将在原来的轴值上加上 20 像素，如图 2-110 所示；如果是减法，则输入"1184-20"。

⊙ 在属性标题或参数值上单击鼠标右键，在弹出的快捷菜单中，选择"编辑值"命令，或按 Ctrl+Shift+P 组合键，弹出"位置"对话框。在该对话框中可以调整具体参数值，并且可以选择调整的单位，如像素、英寸、毫米、源的%、合成的%，如图 2-111 所示。

图 2-110

图 2-111

2.3.4   加入"缩放"动画

在"时间轴"面板中，选中"02.png"图层，在按住 Shift 键的同时，按 S 键，展开"缩放"属性，如图 2-112 所示。

图 2-112

将时间标签放在 0s 的位置，在"时间轴"面板中，单击"缩放"属性名称左侧的"关键帧自动记录器"按钮 ⏱ ，开始记录缩放关键帧信息，如图 2-113 所示。

图 2-113

提示

　　　　按 Alt+Shift+S 组合键也可以实现上述操作，此组合键还可以在任意地方添加或删除缩放属性关键帧。

移动时间标签到 04:24s 的位置，将 x 轴和 y 轴的缩放值都调整为 130.0，130.0%，或者选择"选取工具" ▶ ，在"合成"面板中拖曳图层边框上的变换框进行缩放操作，同时，按住 Shift 键可以实现等比缩放，还可以观察"信息"面板和"时间轴"面板中的"缩放"属性，了解表示具体缩放程度的数值，如图 2-114 所示。"时间轴"面板当前时间下的"缩放"属性，会自动添加一个关键帧，如图 2-115 所示。按 0 键，预览动画内存。

图 2-114

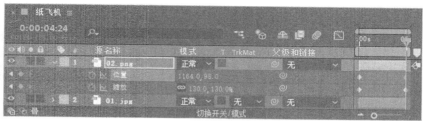

图 2-115

1．手动方式调整"缩放"属性

⊙ 选择"选取工具" ▶，直接在"合成"面板中拖曳图层边框上的变换框进行缩放操作，如果同时按住 Shift 键，则可以实现等比例缩放。

⊙ 可以在按住 Alt 键的同时，按 +（加号）键以 1% 递增缩放百分比，也可以在按住 Alt 键的同时，按 –（减号）键以 1% 递减缩放百分比；如果要以 10% 递增或者递减调整，只需要在按下上述快捷键的同时按 Shift 键即可，如 Shift+Alt+ – 组合键。

2．数字方式调整"缩放"属性

⊙ 当鼠标指针呈 🖑 形状时，在参数值上左右拖曳鼠标可以修改缩放值。

⊙ 单击参数将弹出输入框，可以在其中输入具体数值。输入框也支持加减法运算，例如，输入"+3"，将在原有的值上加上 3%，如果是减法，则输入"130-3"，如图 2-116 所示。

⊙ 在属性标题或参数值上单击鼠标右键，在弹出的快捷菜单中选择"编辑值"命令，在弹出的"缩放"对话框中设置参数，如图 2-117 所示。

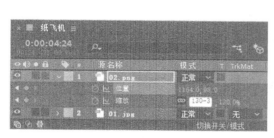

图 2-116

图 2-117

提示

使缩放值变为负值，将实现图像翻转效果。

2.3.5 制作"旋转"动画

在"时间轴"面板中，选择"02.png"图层，在按住 Shift 键的同时，按 R 键，展开"旋转"属性，如图 2-118 所示。

将时间标签放置在 0s 的位置，单击"旋转"属性名称左侧的"关键帧自动记录器"按钮 🕐，开始记录旋转关键帧信息。

图 2-118

 提示

按 Alt+Shift+R 组合键也可以实现上述操作，此组合键还可以在任意地方添加或删除旋转属性关键帧。

移动时间标签到 04:24s 的位置，调整"旋转"属性值为"0 x +180.0°"，旋转半圈，如图 2-119 所示；或者选择"旋转工具" ，在"合成"面板中以顺时针方向旋转图层，同时可以观察"信息"面板和"时间轴"面板中的"旋转"属性，了解具体旋转圈数和度数，效果如图 2-120 所示。按 0 键，预览动画内存。

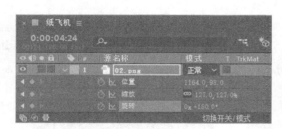

图 2-119

图 2-120

1. 手动方式调整"旋转"属性

● 选择"旋转工具" ，在"合成"面板顺时针或者逆时针旋转图层，如果同时按住 Shift 键，将以 45° 为调整幅度。

● 可以按数字键盘中的+（加号）键，以 1° 为幅度顺时针旋转图层，也可以按数字键盘中的 –（减号）键，以 1° 为幅度逆时针旋转图层；如果要以 10° 为幅度旋转调整图层，只需要在按下上述快捷键的同时，按住 Shift 键即可，如 Shift+数字键盘的 – 组合键。

2. 数字方式调整"旋转"属性

● 当鼠标指针呈 形状时，在参数值上左右拖曳鼠标可以修改参数值。

● 单击参数将弹出输入框，可以在其中输入具体数值。输入框也支持加减法运算，例如，输入"+2"，将在原有的值上加上 2° 或者 2 圈（取决于是在度数输入框还是圈数输入框中输入）；如果是减法，则输入"45-10"。

● 在属性标题或参数值上单击鼠标右键，在弹出的菜单中选择"编辑值"命令，或按 Ctrl+Shift+R 组合键，在弹出的"旋转"对话框中调整具体参数值，如图 2-121 所示。

图 2-121

2.3.6 了解"锚点"的功用

在"时间轴"面板中，选择"02.png"图层，在按住 Shift 键的同时，按 A 键，展开"锚点"属性，如图 2-122 所示。

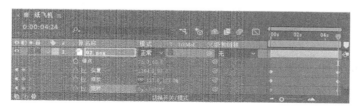

图 2-122

改变"锚点"属性中的第一个值为 0，或者选择"向后平移（锚点）工具"，在"合成"面板中单击并移动锚点，同时观察"信息"面板和"时间轴"面板中的"锚点"属性值，了解具体位置移动参数，如图 2-123 所示。按 0 键，预览动画内存。

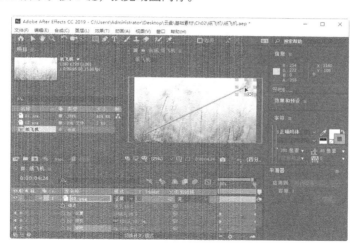

图 2-123

 提示

定位点的坐标是相对于图层，而不是相对于合成图像的。

1. 以手动方式调整"定位点"

● 选择"向后平移（锚点）工具"，在"合成"面板单击并移动轴心点。

● 在"时间轴"面板中双击图层，打开图层的"图层"预览窗口，选择"选取工具"或者"向后平移（锚点）工具"，单击并移动轴心点，如图 2-124 所示。

2. 以数字方式调整"定位点"

● 当鼠标指针呈 形状时，在参数值上左右拖曳鼠标可以修改参数值。

图 2-124

● 单击参数将弹出输入框，可以在其中输入具体数值。输入框也支持加减法运算，例如，输入"+30"，将在原有的值上加上 30 像素；如果是减法，则输入"360-30"。

● 在属性标题或参数值上单击鼠标右键，在弹出的菜单中选择"编辑值"命令，在弹出的"定位点"对话框中调整具体参数值，如图 2-125 所示。

图 2-125

2.3.7　添加"不透明度"动画

在"时间轴"面板中，选择"02.png"图层，在按住 Shift 键的同时，按 T 键，展开"不透明度"属性，如图 2-126 所示。

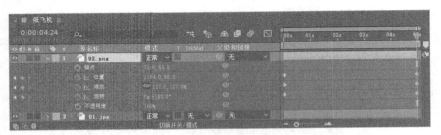

图 2-126

将时间标签放置在 0s 的位置，将"不透明度"调整为 100%，使图层完全不透明。单击"不透明度"属性名称左侧的"关键帧自动记录器"按钮，开始记录不透明关键帧信息。

 按 Alt+Shift+T 组合键也可以实现上述操作，此组合键还可以在任意地方添加或删除不透明属性关键帧。

移动时间标签到 04:24s 的位置，调整"不透明度"为 0%，使图层完全透明，注意观察"时间轴"面板，当前时间下的"不透明度"属性会自动添加一个关键帧，如图 2-127 所示。按 0 键，预览动画内存。

图 2-127

以数字方式调整"透明度"属性

● 当鼠标指针呈形状时，在参数值上左右拖曳鼠标可以修改。

● 单击参数将会弹出输入框，可以在其中输入具体数值。输入框也支持加减法运算，例如，输

入"+20",将在原有的值上增加 10%;如果是减法,则输入
"100-20"。

● 在属性标题或参数值上单击鼠标右键,在弹出的菜单中
选择"编辑值"命令或按 Ctrl+Shift+O 组合键,在弹出的"不
透明度"对话框中调整具体参数值,如图 2-128 所示。

图 2-128

2.4 课堂练习——运动的线条

练习知识要点:使用"粒子运动场"命令、"变换"命令、"快速模糊"命令制作线条效果;使用"缩放"属性制作缩放效果。运动的线条效果如图 2-129 所示。

图 2-129

扫码观看
本案例视频

◎ 效果所在位置

云盘\Ch02\运动的线条\运动的线条.aep。

2.5 课后习题——运动的圆圈

⊘ 习题知识要点

使用"导入"命令,导入素材;使用"位置"选项,制作箭头运动动画;使用"旋转"选项,制作圆圈运动动画。运动的圆圈效果如图 2-130 所示。

图 2-130

扫码观看
本案例视频

◎ 效果所在位置

云盘\Ch02\运动的圆圈\运动的圆圈.aep。

03

第 3 章
制作蒙版动画

本章主要讲解蒙版的功能，其中包括绘制蒙版图形、调整蒙版图形形状、蒙版的变换、编辑蒙版的多种方式、在时间轴面板中调整蒙版属性和用蒙版制作动画等。通过本章的学习，读者可以掌握蒙版的使用方法和应用技巧，并通过蒙版功能制作出绚丽的视频效果。

课堂学习目标

- ✔ 初步了解蒙版
- ✔ 设置蒙版
- ✔ 蒙版的基本操作

3.1 初步了解蒙版

蒙版其实就是由封闭的贝塞尔曲线构成的路径轮廓，轮廓之内或之外的区域就是抠像的依据，如图 3-1 所示。

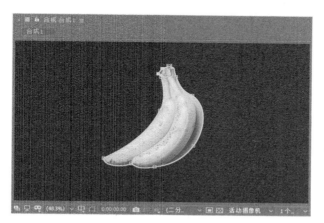

图 3-1

提示

虽然蒙版是由路径组成的，但是千万不要认为路径只用来创建蒙版，它还可以用在描绘勾边特效处理、沿路径制作动画效果等方面。

3.2 设置蒙版

设置蒙版，可以将两个以上的图层合成并制作出新的画面。蒙版可以在"合成"面板中调整，也可以在"时间轴"面板中调整。

3.2.1 课堂案例——粒子文字

 案例学习目标

学习使用 Particular 效果和调整蒙版图形。

 案例知识要点

使用"新建合成"命令，新建合成并为其命名；使用"横排文字工具"，输入并编辑文字；使用"色阶"命令和"色相/饱和度"命令，调整背景图的亮度和色调；使用"Particular"命令制作粒子发散效果；使用"矩形工具"制作蒙版效果。粒子文字效果如图 3-2 所示。

扫码观看
本案例视频

扫码查看
扩展案例

图 3-2

效果所在位置

云盘\Ch03\粒子文字\粒子文字.aep。

1. 输入文字并制作粒子

（1）按 Ctrl+N 组合键，弹出"合成设置"对话框，在"合成名称"文本框中输入"文字"，其他选项的设置如图 3-3 所示，单击"确定"按钮，创建一个新的合成"文字"。

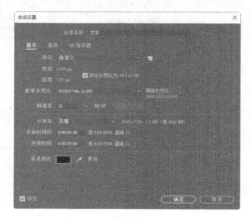

图 3-3

（2）选择"横排文字工具" ，在"合成"面板输入英文"Cold Century"，选中英文，在"字符"面板中设置"填充颜色"为白色，设置其他参数如图 3-4 所示。"合成"面板中的效果如图 3-5 所示。

图 3-4

图 3-5

（3）再次创建一个新的合成并命名为"最终效果"，如图 3-6 所示。选择"文件 > 导入 > 文件"命令，弹出"导入文件"对话框，选择云盘中的"Ch03\粒子文字\（Footage）\01.avi"文件，单击"导入"按钮，导入"01.avi"文件，并将其拖曳到"时间轴"面板中，如图 3-7 所示。

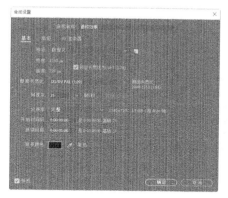

图 3-6

图 3-7

（4）选中"01.avi"图层，按 S 键，展开"缩放"属性，设置"缩放"为 80.0,80.0%，如图 3-8 所示。"合成"面板中的效果如图 3-9 所示。

图 3-8

图 3-9

（5）选择"效果 > 颜色校正 > 色阶"命令，在"效果控件"面板中设置参数，如图 3-10 所示。"合成"面板中的效果如图 3-11 所示。

图 3-10

图 3-11

（6）选择"效果 > 颜色校正 > 色相/饱和度"命令，在"效果控件"面板中设置参数，如图 3-12 所示。"合成"面板中的效果如图 3-13 所示。

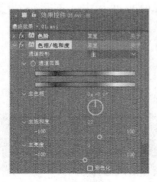

图 3-12 　　　　　　　　　　　　　　　　图 3-13

（7）在"项目"面板中，选中"文字"合成并将其拖曳到"时间轴"面板中，单击"文字"图层左边的眼睛按钮，关闭该图层的可视性，如图 3-14 所示。单击"文字"图层右边的"3D 图层"按钮，如图 3-15 所示，打开三维属性。

图 3-14 　　　　　　　　　　　　　　　　图 3-15

（8）在当前合成中新建立一个黑色纯色图层"粒子 1"。选中"粒子 1"图层，选择"效果 > Trapcode > Particular"命令，展开"发射器"属性，在"效果控件"面板中设置参数，如图 3-16 所示。展开"粒子"属性，在"效果控件"面板中设置参数，如图 3-17 所示。

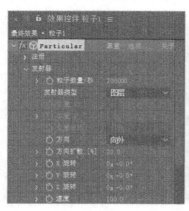
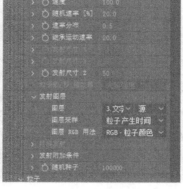
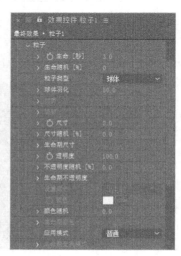

图 3-16 　　　　　　　　　　　　　　　　图 3-17

（9）展开"物理学"选项下的"气"属性，在"效果控件"面板中设置参数，如图 3-18 所示。展开"气"选项下的"扰乱场"属性，在"效果控件"面板中设置参数，如图 3-19 所示。

（10）展开"渲染"选项下的"运动模糊"属性，单击"运动模糊"右边的下拉按钮，在弹出的下拉菜单中选择"开"，如图 3-20 所示。设置完成后，在"时间轴"面板中自动生成一个灯光图层，如图 3-21 所示。

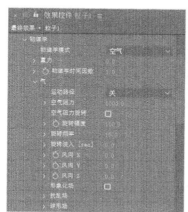
图 3-18

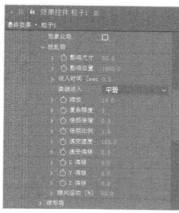
图 3-19

图 3-20

图 3-21

（11）选中"粒子 1"图层，将时间标签放置在 0s 的位置。在"时间轴"面板中分别单击"发射器"下的"粒子数量/秒"，单击"物理学/气"下的"旋转幅度"，以及"扰乱场"下的"影响尺寸"和"影响位置"选项左侧的"关键帧自动记录器"按钮，如图 3-22 所示，记录第 1 个关键帧。

（12）在"时间轴"面板中，将时间标签放置在 1s 的位置。设置"粒子数量/秒"为 0，"旋转幅度"为 50.0，"影响尺寸"为 20.0，"影响位置"为 500.0，如图 3-23 所示，记录第 2 个关键帧。

图 3-22

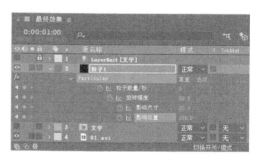
图 3-23

（13）在"时间轴"面板中，将时间标签放置在 3s 的位置。设置"旋转幅度"为 30.0，"影响尺寸"为 5.0，"影响位置"为 5.0，如图 3-24 所示，记录第 3 个关键帧。

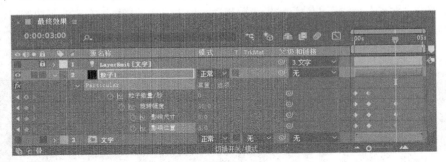

图 3-24

2. 制作形状蒙版

（1）在"项目"面板中，选中"文字"合成并将其拖曳到"时间轴"面板中，将时间标签放置在 2s 的位置，按 [键设置动画的入点，如图 3-25 所示。在"时间轴"面板中选中"图层 1"，选择"矩形工具" ，在"合成"面板中拖曳鼠标绘制一个矩形蒙版，如图 3-26 所示。

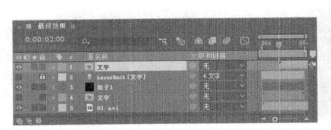

图 3-25

图 3-26

（2）选中"图层 1"，按 M 键两次展开"蒙版"属性。单击"蒙版路径"选项左侧的"关键帧自动记录器"按钮，如图 3-27 所示，记录第 1 个"蒙版路径"关键帧。将时间标签放置在 4s 的位置。选择"选取工具" ，在"合成"面板中，同时选中"蒙版形状"右边的两个控制点，将控制点向右拖曳到图 3-28 所示的位置，在 4s 的位置再次记录 1 个关键帧。

图 3-27

图 3-28

（3）在当前合成中新建一个黑色纯色图层"粒子2"。选中"粒子2"图层，选择"效果 > Trapcode > Particular"命令，展开"发射器"属性，在"效果控件"面板中设置参数，如图 3-29 所示。展开"粒子"属性，在"效果控件"面板中设置参数，如图 3-30 所示。

（4）展开"物理学"属性，设置"重力"为-100，展开"气"属性，在"效果控件"面板中设置参数，如图 3-31 所示。

图 3-29

图 3-30

图 3-31

（5）展开"扰乱场"属性，在"效果控件"面板中设置参数，如图 3-32 所示。展开"渲染"选项下的"运动模糊"属性，单击"运动模糊"右边的下拉按钮，在弹出的下拉菜单中选择"开"，如图 3-33 所示。

图 3-32

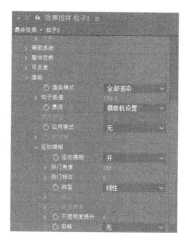
图 3-33

（6）在"时间轴"面板中，将时间标签放置在 0s 的位置，在"时间轴"面板中，分别单击"发射器"下的"粒子数量/秒"和"位置 XY"选项左侧的"关键帧自动记录器"按钮，记录第 1 个关键帧，如图 3-34 所示。在"时间轴"面板中，将时间标签放置在 2s 的位置，在"时间轴"面板中，设置"粒子数量/秒"为 5000，"位置 XY"为 213.3、350.0，如图 3-35 所示，记录第 2 个关键帧。

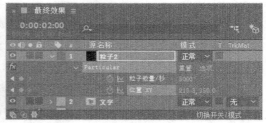

图 3-34　　　　　　　　　　　　　　　　　图 3-35

（7）在"时间轴"面板中，将时间标签放置在 3s 的位置，在"时间轴"面板中，设置"粒子数量/秒"为 0，"位置 XY"为 1066.7、350.0，如图 3-36 所示，记录第 3 个关键帧。

图 3-36

（8）粒子文字制作完成，效果如图 3-37 所示。

图 3-37

3.2.2　绘制蒙版图形

（1）在"项目"面板中单击鼠标右键，在弹出的列表中选择"新建合成"命令，弹出"合成设置"对话框，在"合成名称"文本框中输入"蒙版"，设置其他选项如图 3-38 所示，设置完成后，单击"确定"按钮。

（2）在"项目"面板中双击鼠标左键，在弹出的"导入文件"对话框中，选择云盘中的"基础素材\Ch03\01.jpg ～ 04.jpg"文件，单击"导入"按钮，将文件导入"项目"面板中，如图 3-39 所示。

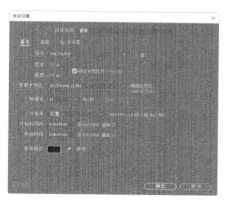

图 3-38

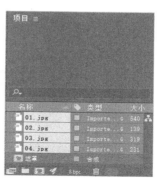

图 3-39

（3）在"项目"面板中保持文件的选取状态，将其拖曳到"时间轴"面板中，单击"图层 1"和"图层 2"左侧的"眼睛"按钮，将其隐藏，如图 3-40 所示。选中"图层 3"，选择"椭圆工具"，在"合成"面板中拖曳鼠标绘制圆形蒙版，效果如图 3-41 所示。

图 3-40

图 3-41

（4）选中"图层 2"，并单击此图层左侧的方框，显示图层，如图 3-42 所示。选择"星形工具"，在"合成"面板中拖曳鼠标绘制星形蒙版，效果如图 3-43 所示。

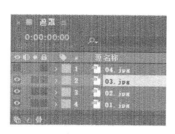

图 3-42

图 3-43

（5）选中"图层 1"，并单击此图层左侧的方框，显示图层，如图 3-44 所示。选择"钢笔工具"，在"合成"面板中拖曳鼠标绘制多边形蒙版如图 3-45 所示。

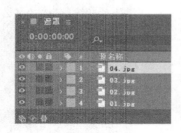

图 3-44   图 3-45

3.2.3 调整蒙版图形形状

选择"钢笔工具"![pen]，在"合成"面板中绘制蒙版图形，如图 3-46 所示。选择"转换'顶点'工具"![convert]，单击一个节点，将该节点处的线段转换为折角；在节点处拖曳鼠标可以拖出调节手柄，拖动调节手柄，可以调整线段的弧度，如图 3-47 所示。

图 3-46   图 3-47

使用"添加'顶点'工具"![add]和"删除'顶点'工具"![delete]添加或删除节点。选择"添加'顶点'工具"![add]，将鼠标指针移动到需要添加节点的线段处单击，为该线段添加一个节点，如图 3-48 所示；选择"删除'顶点'工具"![delete]，单击任意节点，将该节点删除，如图 3-49 所示。

图 3-48   图 3-49

使用"蒙版羽化工具" 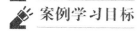 可以对蒙版进行羽化。选择"蒙版羽化工具" ，将鼠标指针移动到该线段上，鼠标指针变为 形状时，如图 3-50 所示，单击鼠标添加一个控制点。拖曳控制点可以对蒙版进行羽化，如图 3-51 所示。

图 3-50

图 3-51

3.2.4　蒙版的变换

选择"选取工具" ，在蒙版边线上双击鼠标，会创建一个蒙版控制框，将鼠标指针移动到边框的右上角，出现旋转光标 ，拖动鼠标可以对整个蒙版图形进行旋转，如图 3-52 所示；将鼠标指针移动到边线中点的位置，出现双向键头 时，拖动鼠标，可以调整该边框的高度，如图 3-53 所示。

图 3-52

图 3-53

3.3　蒙版的基本操作

在 After Effects 中，可以使用多种方式编辑蒙版，还可以在"时间轴"面板中调整蒙版的属性，用蒙版制作动画。下面介绍这些蒙版的基本操作。

3.3.1　课堂案例——粒子破碎效果

✍ 案例学习目标

学习蒙版的基本操作。

案例知识要点

使用"渐变"命令制作渐变效果；使用"矩形工具"制作蒙版效果；使用"碎片"命令制作图片粒子破碎效果。粒子破碎效果如图 3-54 所示。

扫码观看
本案例视频

扫码查看
扩展案例

图 3-54

效果所在位置

云盘\Ch03\粒子破碎效果\粒子破碎效果.aep。

（1）按 Ctrl+N 组合键，弹出"合成设置"对话框，在"合成名称"文本框中输入"渐变条"，其他选项的设置如图 3-55 所示，单击"确定"按钮，创建一个新的合成"渐变条"。选择"图层 > 新建 > 纯色"命令，弹出"纯色设置"对话框，在"名称"文本框中输入"渐变条"，将"颜色"设置为黑色，单击"确定"按钮，在"时间轴"面板中新增一个黑色纯色图层，如图 3-56 所示。

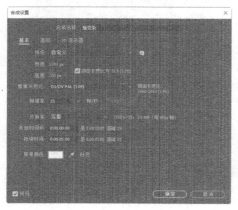

图 3-55

图 3-56

（2）选中"渐变条"图层，选择"效果 > 生成 > 梯度渐变"命令，在"效果控件"面板中，设置"起始颜色"为黑色，"结束颜色"为白色，设置其他参数如图 3-57 所示，设置完成后，"合成"面板中的效果如图 3-58 所示。

（3）选择"矩形工具" ，在"合成"面板中拖曳鼠标绘制一个矩形蒙版，如图 3-59 所示。按 Ctrl+N 组合键，弹出"合成设置"对话框，在"合成名称"文本框中输入"噪波"，单击"确定"按钮，创建一个新的合成"噪波"。选择"图层 > 新建 > 纯色"命令，弹出"纯色设置"对话框，在"名称"文本框中输入"噪波"，将"颜色"设置为黑色，单击"确定"按钮，在"时间轴"面板中新增一个黑色纯色图层，如图 3-60 所示。

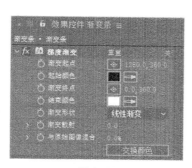

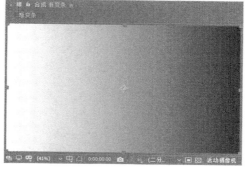

图 3-57　　　　　　　　　　　　　　图 3-58

图 3-59　　　　　　　　　　　　　　图 3-60

（4）选中"噪波"图层，选择"效果 > 杂色和颗粒 > 杂色"命令，在"效果控件"面板中设置参数，如图 3-61 所示。选择"效果 > 颜色校正 > 曲线"命令，在"效果控件"面板中设置参数，如图 3-62 所示。

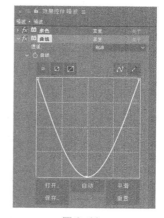

图 3-61　　　　　　　　　　　　　　图 3-62

（5）按 Ctrl+N 组合键，弹出"合成设置"对话框，在"合成名称"文本框中输入"图片"，单击"确定"按钮，创建一个新的合成"图片"。选择"文件 > 导入 > 文件"命令，在弹出的"导入文件"对话框中，选择云盘中的"Ch03\粒子破碎效果\（Footage）\01.jpg"文件，如图 3-63 所示，单击"导入"按钮，导入文件，并将其拖曳到"时间轴"面板中，如图 3-64 所示。

图 3-63　　　　　　　　　　　　　　　图 3-64

（6）选中"01.jpg"图层，按 S 键，展开"缩放"属性，设置"缩放"为 110.0,110.0%，如图 3-65 所示。"合成"面板中的效果如图 3-66 所示。

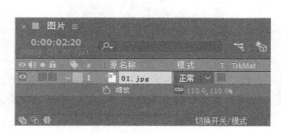

图 3-65　　　　　　　　　　　　　　　图 3-66

（7）按 Ctrl+N 组合键，弹出"合成设置"对话框，在"合成名称"文本框中输入"最终效果"，单击"确定"按钮，创建一个新的合成"最终效果"。在"项目"面板中，选中"渐变条""噪波"和"图片"合成并将它们拖曳到"时间轴"面板中，图层的排列如图 3-67 所示。单击"渐变条"和"噪波"图层左侧的眼睛按钮，关闭"渐变条"和"噪波"两图层的可视性，如图 3-68 所示。

图 3-67　　　　　　　　　　　　　　　图 3-68

（8）选中"图片"图层，选择"效果 > 模拟 > 碎片"命令，在"效果控件"面板中，将"视图"改为"已渲染"模式，展开"形状""作用力 1"属性，在"效果控件"面板中设置参数，如图 3-69 所示。"合成"面板中的效果如图 3-70 所示。

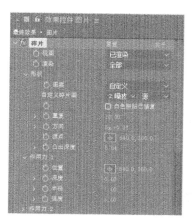

图 3-69   图 3-70

（9）展开"渐变""物理学"和"摄像机位置"属性，在"效果控件"面板中设置参数，如图 3-71 所示。"合成"面板中的效果如图 3-72 所示。

 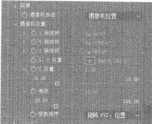 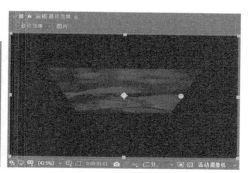

图 3-71   图 3-72

（10）将时间标签放置在 0s 的位置，在"效果控件"面板中，分别单击"渐变"下的"碎片阈值"，"物理学"下的"重力"如图 3-73 所示，"摄像机位置"下的"X 轴旋转""Y 轴旋转""Z 轴旋转"和"焦距"选项左侧的"关键帧自动记录器"按钮，如图 3-74 所示，记录第 1 个关键帧。

图 3-73   图 3-74

（11）将时间标签放置在 03:10s 的位置，在"效果控件"面板中，设置"碎片阈值"为 100%，

"重力"为 2.7，如图 3-75 所示；"X 轴旋转"为 0x-60.0°，"Y 轴旋转"为 0x-45.0°，"Z 轴旋转"为 0x+15.0°，"焦距"为 100，如图 3-76 所示，记录第 2 个关键帧。

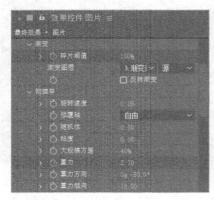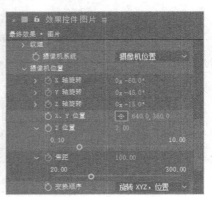

图 3-75　　　　　　　　　　　　　图 3-76

（12）将时间标签放置在 04:24s 的位置，在"效果控件"面板中，设置"重力"为 100，如图 3-77 所示，记录第 3 个关键帧。粒子破碎制作完成，如图 3-78 所示。

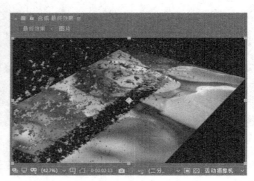

图 3-77　　　　　　　　　　　　　图 3-78

3.3.2　编辑蒙版的多种方式

"工具"面板中除了创建蒙版的工具以外，还提供了多种编辑蒙版的工具。

"选取工具" ▶：使用此工具可以在"合成"面板或者"图层"面板中选择和移动路径点或者整个路径。

"添加'顶点'工具" ：使用此工具可以增加路径上的节点。

"删除'顶点'工具" ：使用此工具可以减少路径上的节点。

"转换'顶点'工具" ：使用此工具可以改变路径的曲率。

"蒙版羽化"工具 ：使用此工具可以改变蒙版边缘的柔化。

提示　由于在"合成"面板中可以看到很多图层，所以如果在其中调整蒙版很有可能会受到干扰，不方便操作。建议双击目标图层，然后在"图层"面板中对"蒙版"进行各种操作。

1. 点的选择和移动

选择"选取工具" ，选中目标图层，单击路径上的节点，然后拖曳鼠标或利用键盘上的方向键来移动点；如果要取消选择，只需要在空白处单击鼠标即可。

2. 线的选择和移动

选择"选取工具" ，选中目标图层，单击路径上两个节点之间的线，然后拖曳鼠标或利用键盘上的方向键来移动线；如果要取消选择，只需要在空白处单击鼠标即可。

3. 多个点或者多余线的选择、移动、旋转和缩放

选择"选取工具" ，选中目标图层，首先单击路径上第一个点或第一条线，然后在按住 Shift 键的同时，单击其他的点或者线，可以同时选择多个点或多条线。也可以拖曳一个选区，用框选的方法选择多点、多线，或者全部选择。

同时选中多个点或多条线之后，在选中的对象上双击可以形成一个控制框。在这个边框中，可以非常方便地进行移动、旋转和缩放等操作，如图 3-79 ~ 图 3-81 所示。

| 图 3-79 | 图 3-80 | 图 3-81 |

全选路径的快捷方法如下。

● 通过鼠标框选的方法，将路径全选取，但是不会出现控制框，如图 3-82 所示。

● 在按住 Alt 键的同时单击路径，即可完成路径的全选，但是同样不会出现控制框。

● 在没有选择多个节点的情况下，在路径上双击鼠标，即可全选路径，并出现一个控制框。

● 在"时间轴"面板中，选中有蒙版的图层，按 M 键，展开"蒙版"属性，单击属性名称或"蒙版"名称即可全选路径，此方法也不会出现控制框，如图 3-83 所示。

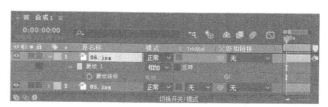

| 图 3-82 | 图 3-83 |

将节点全部选中，选择"图层 > 蒙版和形状路径 > 自由变换点"命令，或按 Ctrl+T 组合键，即可出现控制框。

4. 调整多个蒙版的层次

当图层中含有多个蒙版时，就存在层次关系，此关系关联到非常重要的部分——蒙版混合模式的选择，因为 After Effects 处理多个蒙版是按从上至下的顺序的，所以层次关系直接影响最终的混合效果。

在"时间轴"面板中，选中某个蒙版，然后将其上下拖曳即可改变层次，如图 3-84 所示。

图 3-84

在"合成"面板或者"图层"面板中，先选中一个蒙版，然后选择以下菜单命令，来调整蒙版层次。

● 选择"图层 > 排列 > 将蒙版置于顶层"命令，或按 Ctrl+Shift+] 组合键，将选中的蒙版放置到顶层。

● 选择"图层 > 排列 > 将蒙版前移一层"命令，或按 Ctrl+] 组合键，将选中的蒙版往上移动一层。

● 选择"图层 > 排列 > 将蒙版后移一层"命令，或按 Ctrl + [组合键，将选中的蒙版往下移动一层。

● 选择"图层 > 排列 > 将蒙版置于底层"命令，或按 Ctrl+ Shift+ [组合键，将选中的蒙版放置到底层。

3.3.3 在"时间轴"面板中调整蒙版的属性

蒙版不是一个简单的轮廓那么简单，在"时间轴"中，可以对蒙版的其他属性进行详细设置，同时，还可以为属性添加关键帧，制作动画。

单击图层标签颜色前面的小箭头按钮 ，展开图层属性，如果图层含有蒙版，就可以看到蒙版，单击蒙版名称前小箭头按钮 ，可展开各个蒙版路径，单击其中任意一个蒙版路径颜色前面的小箭头按钮 ，可展开此蒙版路径的属性，如图 3-85 所示。

选中某图层，连续按两次 M 键，即可展开此图层蒙版路径的所有属性。

图 3-85

● 设置蒙版路径颜色：单击"蒙版颜色"按钮▢，可以在弹出的颜色对话框中选择合适的颜色加以区别路径。

● 设置蒙版路径名称：选中要命名的蒙版，按 Enter 键，在出现的输入框中输入蒙版的名称。修改完成后再次按 Enter 键即可。

● 选择蒙版混合模式：当本图层含有多个蒙版时，可以在此选择各种混合模式。需要注意的是，多个蒙版的层次关系对混合模式产生的最终效果有很大影响。After Effects 从上至下逐一处理蒙版。

无：选择此模式，路径将不起到蒙版作用，仅作为路径存在，作为勾边、光线动画或者路径动画的依据，如图 3-86 和图 3-87 所示。

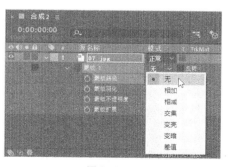

图 3-86

图 3-87

相加：蒙版相加模式，将当前蒙版区域与其上的蒙版区域进行相加处理，对于蒙版重叠处的不透明度，则采取在非重叠不透明度的基础上以相加的方式处理。例如，某蒙版作用前，蒙版重叠区域画面的不透明度为 50%，如果当前蒙版的不透明度是 50%，运算后最终得出的蒙版重叠区域画面的不透明度是 70%，如图 3-88 和图 3-89 所示。

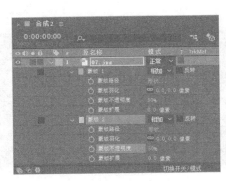

图 3-88

图 3-89

相减：蒙版相减模式，将当前蒙版中所有蒙版组合的结果相减，当前蒙版区域内容不显示。如果同时调整蒙版的不透明度，则不透明度越大，蒙版重叠区域内越透明；不透明度越低，蒙版重叠区域内变得越不透明，如图 3-90 和图 3-91 所示。例如，某蒙版作用前，蒙版重叠区域画面不透明度为 80%，如设置当前蒙版的不透明度为 50%，则运算后最终得出的蒙版重叠区域画面不透明度为 40%，如图 3-92 和图 3-93 所示。

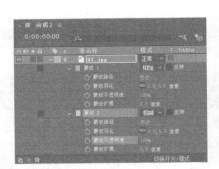

上下两个蒙版不透明度都为 100% 的情况

图 3-90

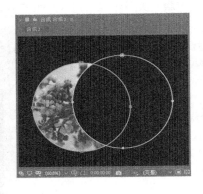

图 3-91

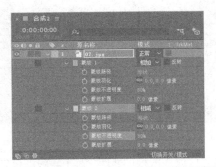

上面蒙版的不透明度为 80%，下面蒙版的不透明度为 50% 的情况

图 3-92

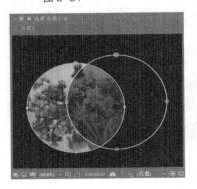

图 3-93

交集：采取交集方式混合蒙版，只显示当前蒙版与上面所有蒙版组合的结果中相交部分的内容，相交区域内的透明度是在上面蒙版的基础上再进行一个百分比运算，如图 3-94 和图 3-95 所示。例

如，某蒙版作用前，蒙版重叠画面的不透明度为 60%，如果设置当前蒙版的不透明度为 50%，则运算后最终得出的画面的不透明度为 30%，如图 3-96 和图 3-97 所示。

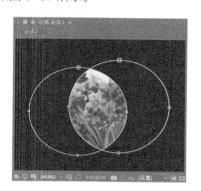

上下两个蒙版不透明度都为 100%的情况

图 3-94

图 3-95

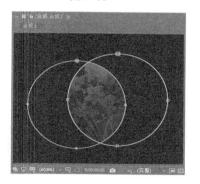

上面蒙版的不透明度为 60%，下面蒙版的不透明度为 50%的情况

图 3-96

图 3-97

变亮：对于可视区域范围来讲，此模式与"相加"模式一样，但是对于蒙版重叠处的不透明度，则采用较高的不透明度。例如，某蒙版作用前，蒙版的重叠区域画面的不透明度为 60%，如果设置当前蒙版的不透明度为 80%，则运算后最终得出的蒙版重叠区域画面的不透明度为 80%，如图 3-98 和图 3-99 所示。

图 3-98

图 3-99

变暗：对于可视区域范围来讲，此模式与"相减"交集模式一样，但是对于模版重叠处的不透明度，则采用较低的不透明度。例如，某蒙版作用前，重叠区域画面的不透明度是 40%，如果当前设置蒙版的不透

明度为 100%，则运算后最终得出的蒙版重叠区域画面的不透明度为 40%，如图 3-100 和图 3-101 所示。

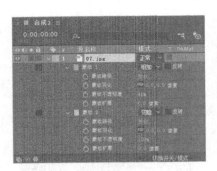

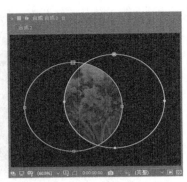

图 3-100

图 3-101

差值：此模式对于可视区域采取的是并集减交集的方式。也就是说，先将当前蒙版与上面所有蒙版组合的结果进行并集运算，然后将当前蒙版与上面所有蒙版组合的结果中的相交部分相减。关于不透明度，与上面蒙版结果未相交部分采取当前蒙版的不透明度设置，相交部分采用两者之间的差值，如图 3-102、图 3-103 所示。例如，某蒙版作用前，重叠区域画面的不透明度为 40%，如果设置当前蒙版的不透明度为 60%，则运算后最终得出的遮罩重叠区域画面的不透明度为 20%。当前蒙版未重叠区域的不透明度为 60%，如图 3-104 和图 3-105 所示。

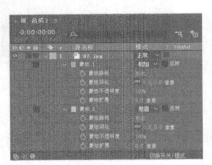

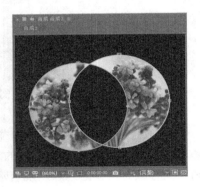

上下两个蒙版不透明度都为 100% 的情况

图 3-102

图 3-103

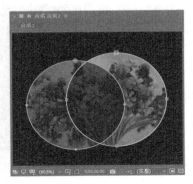

上面蒙版的不透明度为 40%，下面蒙版的不透明度为 60% 的情况

图 3-104

图 3-105

● 反转：将蒙版进行反向处理，如图 3-106 和图 3-107 所示。

未激活的反转时的效果
图 3-106

激活了反转时的效果
图 3-107

● 设置蒙版动画的属性区：在蒙版属性列中可以为各蒙版属性添加关键帧动画效果。

蒙版路径：蒙版形状设置，单击右侧的"形状"文字按钮，可以弹出"蒙版形状"对话框，选择"图层 > 蒙版 > 蒙版形状"命令也可打开该对话框。

蒙版羽化：蒙版羽化控制，可以通过羽化蒙版得到更自然的融合效果，并且 x 轴和 y 轴可以有不同的羽化程度。单击 🔗 按钮，可以将两个轴锁定和释放，如图 3-108 所示。

蒙版不透明度：调整蒙版的不透明度，如图 3-109 和图 3-110 所示。

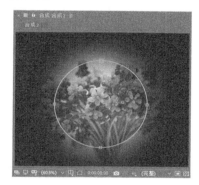

图 3-108

不透明度为 100%时的效果
图 3-109

不透明度为 50%时的效果
图 3-110

蒙版扩展：调整蒙版的扩展程度，正值为扩展蒙版区域，负值为收缩蒙版区域，如图 3-111 和图 3-112 所示。

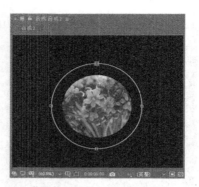

蒙版扩展设置为 50 时的效果　　　　　　　　蒙版扩展设置为-50 时的效果
图 3-111　　　　　　　　　　　　　　　　图 3-112

3.3.4　用蒙版制作动画

（1）在"时间轴"面板中，选择图层，选择"星形工具"⭐，在"合成"面板中拖曳鼠标绘制一个星形蒙版，如图 3-113 所示。

（2）选择"添加'顶点'工具"✏️，在刚刚绘制的星形蒙版上添加 10 个节点，如图 3-114 所示。

图 3-113　　　　　　　　　　　　　　　　图 3-114

（3）选择"选取工具"▶，将角点的节点选中，如图 3-115 所示。选择"图层 > 蒙版和形状路径 > 自由变换点"命令，出现控制框，如图 3-116 所示。

图 3-115　　　　　　　　　　　　　　　　图 3-116

（4）在按住 Ctrl+Shift 组合键的同时，向右上方拖曳右下角的控制点，拖曳出如图 3-117 所示的效果。

（5）调整完成后，按 Enter 键。在"时间轴"面板中，按两次 M 键，展开蒙版的所有属性，单击"蒙版路径"属性前的"关键帧自动记录器"按钮，成生第一个关键帧，如图 3-118 所示。

图 3-117

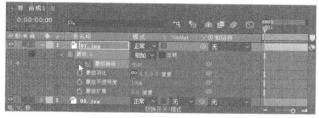
图 3-118

（6）将当前时间标签移动到第 3s 的位置，选中内侧的节点，如图 3-119 所示。按 Ctrl+T 组合键，出现控制框，在按住 Ctrl+Shift 组合键的同时，向右上方拖曳右下角的控制点，拖曳出如图 3-120 所示的效果。

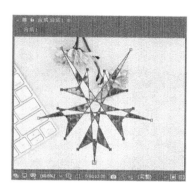
图 3-119

图 3-120

（7）调整完成后，按 Enter 键。在"时间轴"面板中，"蒙版路径"属性自动生成第 2 个关键帧，如图 3-121 所示。

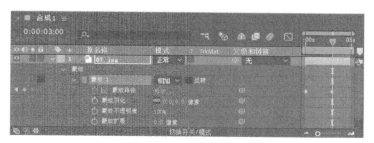
图 3-121

（8）选择"效果 > 生成 > 描边"命令，在"效果控件"面板设置参数，为蒙版路径添加描边效果，如图 3-122 所示。

（9）选择"效果 > 风格化 > 发光"命令，在"效果控件"面板中设置参数，为蒙版路径添加发光效果，如图 3-123 所示。

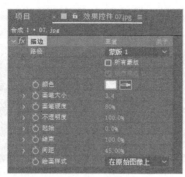

图 3-122   图 3-123

（10）按 0 键，预览蒙版动画，按任意键结束预览。

（11）在"时间轴"面板中单击"蒙版路径"属性名称，同时选中两个关键帧，如图 3-124 所示。

（12）选择"窗口 > 蒙版插值"命令，打开"蒙版插值"面板，在面板中设置参数，如图 3-125 所示。

图 3-124   图 3-125

关键帧速率：决定每秒内在两个关键帧之间产生多少个关键帧。

"关键帧"字段（双重比率）：勾选此复选框，关键帧数目会增加为"关键帧速率"中设定值的 2 倍，因为关键帧是按场计算的。还有一种情况会在场中生成关键帧，那就是当"关键帧速率"大于合成项目的帧速率时。

使用"线性"顶点路径：勾选此复选框，路径会沿着直线运动，否则沿曲线运动。

抗弯强度：在节点变化过程中，可以设定该值决定是采用拉伸的方式还是弯曲的方式处理节点变化，此值越高，越不采用弯曲的方式。

品质：设置蒙版质量。如果值为 0，那么第一个关键帧的点必须对应第二个关键帧中编号相同的顶点匹配。例如，第一个关键帧的第 8 个点，必须对应第二个关键帧的第 8 个点变化。如果值为 100，那么第一个关键帧的点可以模糊地对应第二个关键帧的任何点。这样，值越高，得到的动画效果越平滑、越自然，但是计算的时间越长。

　　添加蒙版路径顶点：勾选此复选框，将在变化过程中自动增加蒙版节点。"顶点间的像素值"设置每隔多少像素增加一个节点，如果前面的数值设置为 18，则每隔 18 像素增加一个节点。"总顶点数"决定节点的总数，如果前面的数值设为 60，则由 60 个节点组成一个蒙版。"轮廓的百分比"以蒙版周长的百分比距离放置节点，如果前面的数值设置为 5，则表示每隔 5%蒙版周长的距离放置一个节点，最后遮罩将由 20 个节点构成；如果前面的数值设置为 1，则最后蒙版将由 100 个节点构成。

　　配合法：将一个蒙版路径上的顶点与另一个路径上的顶点进行匹配的算法。分别有 3 个选项："自动"，表示自动处理；"曲线"，当蒙版路径上有曲线时，选用此选项；"多角线"，当蒙版路径上没有曲线时，选用此选项。

　　使用 1:1 顶点匹配：使用 1:1 的对应方式，如果前后两个关键帧中的遮罩的节点数目相同，则此复选框将强制节点绝对对应，即第 1 个节点对应第 1 个节点，第 2 个节点对应第 2 个节点，但是如果节点数目不同，就会出现一些无法预料的效果。

　　第一顶点匹配：决定是否强制起始点对应。

　　（13）单击"应用"按钮应用设置，按 0 键，预览优化后的遮罩动画。

3.4　课堂练习——调色效果

🔗 练习知识要点

　　使用"粒子运动""变换"和"快速模糊"命令制作线条效果；使用"缩放"属性制作缩放效果。调色效果如图 3-126 所示。

图 3-126

扫码观看
本案例视频

📍 效果所在位置

　　云盘\Ch03\调色效果\调色效果.aep。

3.5　课后习题——流动的线条

🔗 习题知识要点

　　使用"钢笔工具"绘制线条效果；使用"3D Stroke"命令制作线条描边动画；使用"发光"命

令制作线条发光效果；使用"Starglow"命令制作线条流光效果。流动的线条效果如图 3-127 所示。

扫码观看
本案例视频

图 3-127

 效果所在位置

云盘\Ch03\流动的线条\流动的线条.aep。

04

第 4 章
应用时间轴制作效果

应用时间轴制作效果是 After Effects 的重要功能，本章介绍时间轴、重置时间、关键帧的概念和关键帧的基本操作。读者学习本章的内容，能够应用时间轴来制作视频效果。

课堂学习目标

- 时间轴
- 重置时间
- 理解关键帧概念
- 关键帧的基本操作

4.1 时间轴

通过对时间轴的控制，可以把正常播放速度的画面加速或减速，甚至反向播放，还可以产生一些非常有趣的或者富有戏剧性的动态图像效果。

4.1.1 课堂案例——粒子汇集文字

案例学习目标

学习使用"横排文字工具"制作动画倒放效果等。

案例知识要点

使用"横排文字工具"编辑文字；使用"CC Pixel Polly"命令制作文字粒子特效；使用"发光"命令、"Shine"命令制作文字发光；使用"时间伸缩"命令制作动画倒放效果。粒子汇集文字效果如图 4-1 所示。

图 4-1

扫码观看
本案例视频

扫码查看
扩展案例

效果所在位置

云盘\Ch04\粒子汇集文字\粒子汇集文字.aep。

1. 输入文字并添加特效

（1）按 Ctrl+N 组合键，弹出"合成设置"对话框，在"合成名称"文本框中输入"粒子发散"，其他选项的设置如图 4-2 所示，单击"确定"按钮，创建一个新的合成"粒子发散"。

（2）选择"横排文字工具" ，在"合成"面板中输入文字"午夜都市"。选中文字，在"字符"面板中设置文字参数，如图 4-3 所示。"合成"面板中的效果如图 4-4 所示。

（3）选中"文字"图层，选择"效果 > 模拟 > CC Pixel Polly"命令，在"效果控件"面板中设置参数，如图 4-5 所示。"合成"面板中的效果如

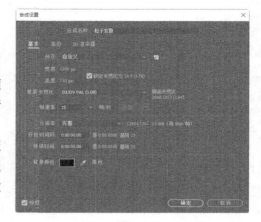

图 4-2

图 4-6 所示。

图 4-3

图 4-4

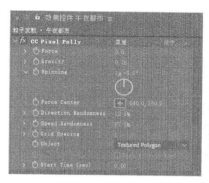
图 4-5

图 4-6

（4）将时间标签放置在 0s 的位置，在"效果空件"面板中，单击"Force"选项左侧的"关键帧自动记录器"按钮，如图 4-7 所示，记录第 1 个关键帧。将时间标签放置在 04:24s 的位置，在"效果控件"面板中，设置"Force"为-0.6，如图 4-8 所示，记录第 2 个关键帧。

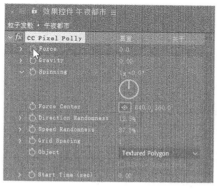
图 4-7

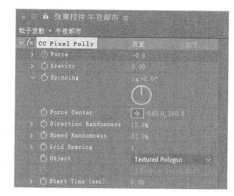
图 4-8

（5）将时间标签放置在 3s 的位置，在"效果控件"面板中，单击"Gravity"选项左侧的"关键帧自动记录器"按钮，如图 4-9 所示，记录第 1 个关键帧。将时间标签放置在 4s 的位置，在"效果控件"面板中，设置"Gravity"为 3，如图 4-10 所示，记录第 2 个关键帧。

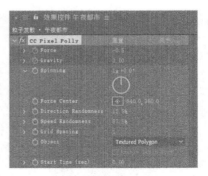

图 4-9　　　　　　　　　　　　　　　　图 4-10

（6）将时间标签放置在 0s 的位置，选择"效果 > 风格化 > 发光"命令，在"效果控件"面板中，设置"颜色 A"为红色（其 R、G、B 值分别为 255、0、0），"颜色 B"为橙黄色（其 R、G、B 值分别为 255、114、0），设置其他参数如图 4-11 所示。"合成"面板中的效果如图 4-12 所示。

图 4-11　　　　　　　　　　　　　　　　图 4-12

（7）选择"效果 > Trapcode > Shine"命令，在"效果控件"面板中设置参数，如图 4-13 所示。"合成"面板中的效果如图 4-14 所示。

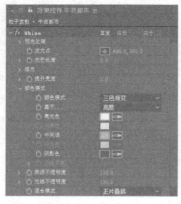

图 4-13　　　　　　　　　　　　　　　　图 4-14

2．制作动画倒放效果

（1）按 Ctrl+N 组合键，弹出"合成设置"对话框，在"合成名称"文本框中输入"粒子汇集"，其他选项的设置如图 4-15 所示，单击"确定"按钮，创建一个新的合成"粒子汇集"。

（2）选择"文件 > 导入 > 文件"命令，在弹出的"导入文件"对话框中，选择云盘中的"Ch04\粒子汇集文字\（Footage）\01.mp4"文件，单击"导入"按钮，将文件导入"项目"面板中。在"项目"面板中选中"粒子发散"合成和"01.mp4"文件，将它们拖曳到"时间轴"面板中，图层的排列如图 4-16 所示。

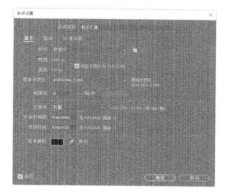

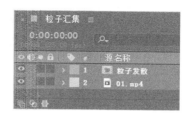

图 4-15　　　　　　　　　　图 4-16

（3）选中"粒子发散"图层，选择"图层 > 时间 > 时间伸缩"命令，弹出"时间伸缩"对话框，设置"拉伸因数"为-100%，如图 4-17 所示，单击"确定"按钮。时间标签自动移到 0s 的位置，如图 4-18 所示。

图 4-17　　　　　　　　　　图 4-18

（4）按 [键将素材对齐，如图 4-19 所示，实现倒放功能。粒子汇集文字制作完成，如图 4-20 所示。

图 4-19　　　　　　　　　　图 4-20

4.1.2　使用时间轴控制速度

选择"文件 > 打开项目"命令，选择云盘中的"基础素材\Ch04\小视频\小视频.aep"文件，单击"打开"按钮打开文件。

在"时间轴"面板中，单击█████按钮，展开时间伸缩属性，如图 4-21 所示。伸缩属性可以加快或减慢动态素材的播放时间，默认情况下伸缩值为 100%，代表以正常速度播放片段；小于 100% 时，会加快播放速度；大于 100% 时，将减慢播放速度。不过时间伸缩不可以形成关键帧，因此不能制作时间速度变速的动画特效。

图 4-21

4.1.3　设置声音的时间轴属性

除了视频，在 After Effects 中还可以对音频应用伸缩功能。调整音频图层中的伸缩值，随着伸缩值的变化，可以听到声音的变化，如图 4-22 所示。

例如某个素材图层同时包含音频和视频信息，在调整伸缩速度时，如果只希望影响视频信息，音频信息以正常速度播放，就需要将该素材图层复制一份，两个图层中，一个关闭视频信息，但保留音频部分，不改变伸缩速度；另一个关闭音频信息，保留视频部分，调整伸缩速度。

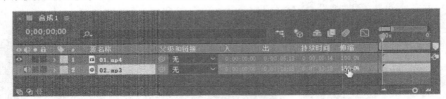

图 4-22

4.1.4　使用"入"和"出"面板

"入"和"出"面板可以方便地控制图层的入点和出点信息，不过它还隐藏了一些快捷功能，通过这些功能同样可以通过改变伸缩值来改变素材片段的播放速度。

在"时间轴"面板中，调整当前时间标签到某个时间位置，在按住 Ctrl 键的同时，单击入点或者出点参数，即可改变素材片段播放速度，如图 4-23 所示。

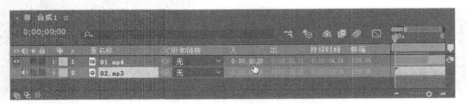

图 4-23

4.1.5 时间轴上的关键帧

如果素材图层上已经制作了关键帧动画，那么在改变其伸缩值时，不仅仅会影响其本身的播放速度，关键帧之间的时间距离也会随之改变。例如，将伸缩值设置为 50%，原来关键帧之间的距离就会缩短一半，关键帧动画播放速度同样也会加快一倍，如图 4-24 所示。

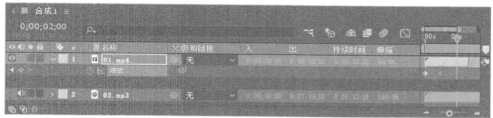

图 4-24

如果不希望在改变伸缩值时，影响关键帧的时间位置，则需要全选当前图层的关键帧，然后选择"编辑 > 剪切"命令，或按 Ctrl+X 组合键，暂时将关键帧信息剪切到系统剪贴板中，调整伸缩值，在改变素材图层的播放速度后，选取使用关键帧的属性，再选择"编辑 > 粘贴"命令，或按 Ctrl+V 组合键，将关键帧粘贴回当前图层。

4.1.6 颠倒时间

在视频节目中，经常会看到倒放的动态影像，利用伸缩属性可以很方便地实现这一点，把伸缩值调整为负值即可。例如，保持片段原来的播放速度，只是实现倒放，可以将伸缩值设置为-100%，如图 4-25 所示。

图 4-25

当伸缩值设置为负值时，图层上出现了蓝色的斜线，表示已经颠倒了时间。但是图层会移动到别的地方，这是因为在颠倒时间过程中，是以图层的入点为变化基准，所以反向时导致位置变动，将入点拖曳到合适位置即可。

4.1.7　确定时间调整基准点

在进行时间拉伸的过程中，发现变化时的基准点在默认情况下是以入点为标准的，特别是在 4.1.6 颠倒时间的练习中更明显地感受到了这一点。其实在 After Effects 中，时间调整的基准点同样是可以改变的。

单击"伸缩"参数，弹出"时间伸缩"对话框，在对话框的"原位定格"区域设置在改变时间拉伸值时，图层变化的基准点，如图 4-26 所示。

图层进入点：以图层进入点为基准，也就是在调整过程中，固定进入点位置。

当前帧：以当前时间标签为基准，也就是在调整过程中，同时影响入点和出点位置。

图层输出点：以图层输出点为基准，也就是在调整过程中，固定输出点位置。

图 4-26

4.2　重置时间

重置时间是一种可以随时重新设置素材片断播放速度的功能。与伸缩时间不同的是，它可以设置关键帧，制作各种时间变速动画。重置时间可以应用在动态素材上，如视频素材、音频素材和嵌套合成等。

4.2.1　应用时间重映射命令

在"时间轴"面板中选择视频素材图层，选择"图层 > 时间 > 启用时间重映射"命令，或按 Ctrl+Alt+T 组合键，激活"时间重映射"属性，如图 4-27 所示。

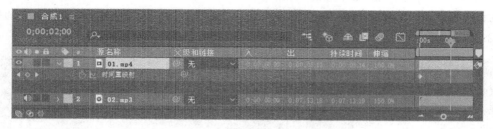

图 4-27

添加"时间重映射"后会自动在视频图层的入点和出点位置加入了两个关键帧，入点位置的关键帧记录了片段 0s 这个时间，出点关键帧记录了片段最后的时间，也就是 05：13s。

4.2.2　时间重映射

（1）在"时间轴"面板中，移动当前时间标签到 5s 的位置，在"关键帧"面板中，单击"在当前时间添加或移除关键帧"按钮，如图 4-28 所示，生成一个关键帧，这个关键帧记录了片段 5s

这个时间。

图 4-28

（2）将刚刚生成的关键帧往左边拖动，移动到 2s 的位置，这样得到的结果从开始一直到 2s 的位置，会播放 0s 到 5s 的片段内容。因此，从开始到 2s 时，素材片段会快速播放，而过了 2s 以后，素材片段会慢速播放，因为最后的那个关键帧并没有发生位置移动，如图 4-29 所示。

图 4-29

（3）按 0 键预览动画效果，按任意键结束预览。

（4）再次将当前时间标签移动到 5s 的位置，在"关键帧"面板中，单击"在当前时间添加或移除关键帧"按钮，生成一个关键帧，这个关键帧记录了片段的 07:10s 这个时间，如图 4-30 所示。

图 4-30

（5）将记录了片段 07:10s 的这个关键帧，移动到 1s 的位置，会播放 0s 到 07:10s 的片段内容，速度非常快；然后从 1s 到 2s 的位置，会反向播放 07:10s 到 5s 的片段内容；过了 2s 以后直到最后，会重新播放 3s 到 17:16s 的片段内容，如图 4-31 所示。

图 4-31

（6）可以切换到"图形编辑器"模式下，调整这些关键帧的运动速率，形成各种变速时间变化，如图 4-32 所示。

图 4-32

4.3   理解关键帧的概念

在 After Effects 中，把包含关键信息的帧称为关键帧。锚点、旋转和不透明度等所有能够用数值表示的信息都包含在关键帧中。

在制作电影时，通常要制作许多不同的片断，然后将片断连接到一起才能制作成电影。每一个片段的开头和结尾都要做标记，这样在看到标记时就知道这一段内容是什么。

在 After Effects 中依据前后两个关键帧，识别动画开始和结束的状态，并自动计算中间的动画过程（此过程也叫插值运算），产生视觉动画。这也就意味着，要产生关键帧动画，就必须有两个或两个以上有变化的关键帧。

4.4   关键帧的基本操作

在 After Effects 中，可以添加、选择和编辑关键帧，还可以使用关键帧自动记录器来记录关键帧。下面介绍关键帧的基本操作。

4.4.1   课堂案例——活泼的小蝌蚪

案例学习目标

学习使用编辑关键帧自动记录器按钮添加关键帧制，作活泼的小蝌蚪效果。

案例知识要点

使用图层编辑蝌蚪大小或方向；使用"动态草图"命令绘制动画路径并自动添加关键帧；使用"平滑器"命令自动减少关键帧；使用"阴影"命令给蝌蚪添加投影。活泼的小蝌蚪效果如图 4-33 所示。

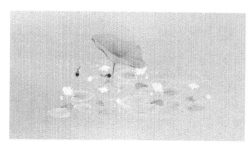

扫码观看
本案例视频

扫码查看
扩展案例

图 4-33

效果所在位置

云盘\Ch04\活泼的小蝌蚪\活泼的小蝌蚪.aep。

（1）按 Ctrl+N 组合键，弹出"合成设置"对话框，在"合成名称"文本框中输入"最终效果"，其他选项的设置如图 4-34 所示，单击"确定"按钮，创建一个新的合成"最终效果"。选择"文件 > 导入 > 文件"命令，在弹出的"导入文件"对话框中，选择云盘中的"Ch04\活泼的小蝌蚪\（Footage）\01.jpg、02.psd 和 03.png"文件，单击"导入"按钮，将图片导入"项目"面板中，如图 4-35 所示。

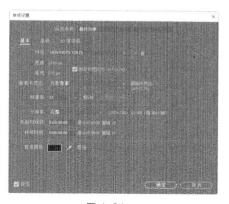

图 4-34

图 4-35

（2）在"项目"面板中，选择"01.jpg"和"02.psd"文件，并将它们拖曳到"时间轴"面板中，图层的排列如图 4-36 所示。选中"02.psd"图层，按 P 键，展开"位置"属性，设置"位置"为 512.0、488.0，如图 4-37 所示。

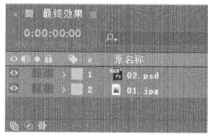

图 4-36

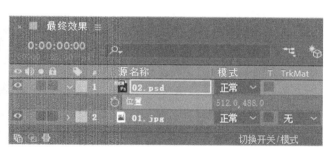

图 4-37

（3）选中"02.psd"图层，按 S 键，展开"缩放"属性，设置"缩放"为 52.0，52.0%，如图 4-38 所示。选择"向后平移（锚点）工具"  ，在"合成"面板中按住鼠标左键，调整蝌蚪的中心点的位置，如图 4-39 所示。

图 4-38

图 4-39

（4）按 R 键，展开"旋转"属性，设置"旋转"为 0 x+100.0°，如图 4-40 所示。"合成"面板中的效果如图 4-41 所示。

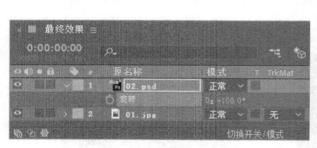

图 4-40

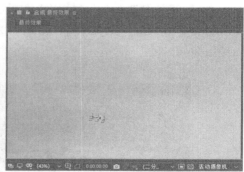

图 4-41

（5）选择"窗口 > 动态草图"命令，弹出"动态草图"面板，在面板中设置参数，如图 4-42 所示，单击"开始捕捉"按钮。当"合成"面板中的鼠标指针变成十字形状时，在面板中绘制运动路径，如图 4-43 所示。

图 4-42

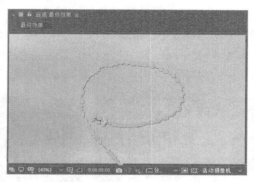

图 4-43

（6）选择"图层 > 变换 > 自动定向"命令，弹出"自动方向"对话框，在对话框中选择"沿路径定向"单选按钮，如图 4-44 所示，单击"确定"按钮。"合成"面板中的效果如图 4-45 所示。

图 4-44

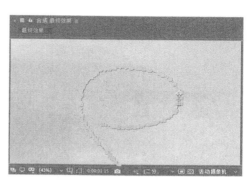

图 4-45

（7）按 P 键，展开"位置"属性，用框选的方法选中所有关键帧，选择"窗口 > 平滑器"命令，打开"平滑器"面板，在对话框中设置参数，如图 4-46 所示，单击"应用"按钮。"合成"面板中的效果如图 4-47 所示。制作完成后，动画会更加流畅。

图 4-46

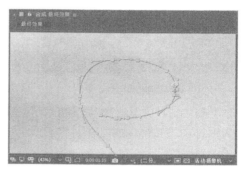

图 4-47

（8）选择"效果 > 透视 > 阴影"命令，在"效果控件"面板中设置参数，如图 4-48 所示。"合成"面板中的效果如图 4-49 所示。

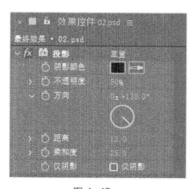

图 4-48

图 4-49

（9）在"合成"面板中单击鼠标右键，在弹出的菜单中，选择"开关 > 运动模糊"命令，在"时间轴"面板中打开动态模糊开关，如图 4-50 所示。"合成"面板中的效果如图 4-51 所示。

（10）选中"02.psd"图层，按 Ctrl+D 组合键，复制该图层，如图 4-52 所示。按 P 键，展开新复制图层的"位置"属性，单击"位置"选项左侧的"关键帧自动记录器"按钮，取消所有的关键帧，如图 4-53 所示。按照上述的方法再制作出另外一个蝌蚪的路径动画。

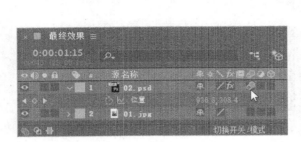

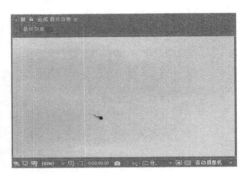

图 4-50   图 4-51

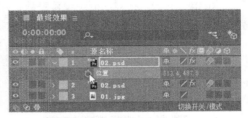

图 4-52   图 4-53

（11）选中新复制的"02.psd"图层，将时间标签放置在 01:20s 的位置，如图 4-54 所示。按 [键设置动画的入点时间，如图 4-55 所示。

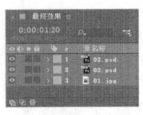

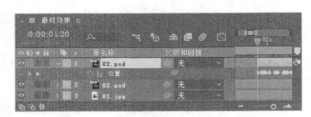

图 4-54   图 4-55

（12）在"项目"面板中，选中"03.png"文件并将其拖曳到"时间轴"面板中，如图 4-56 所示。活泼的小蝌蚪制作完成，如图 4-57 所示。

图 4-56   图 4-57

4.4.2　关键帧自动记录器

After Effects 提供了非常丰富的方法来调整和设置图层的各个属性，但是在普通状态下，这种设置被看作是针对整个持续时间的，如果要进行动画处理，则必须单击"关键帧自动记录器"按钮 ，记录两个或两个以上含有不同变化信息的关键帧，如图 4-58 所示。

图 4-58

关键帧自动记录器为启用状态，此时 After Effects 将自动记录当前时间标签下该图层该属性的任何变动，形成关键帧。如果关闭属性的"关键帧自动记录器"按钮 ，则此属性的所有已有的关键帧将被删除，由于缺少关键帧，动画信息丢失，所以再次调整属性时，被视为针对整个持续时间的调整。

4.4.3　添加关键帧

添加关键帧的方法有很多，基本方法是首先激活某属性的关键帧自动记录器，然后改变属性值，在当前时间标签处将形成关键帧，具体操作步骤如下。

（1）选择某图层，单击小箭头按钮 或按属性的快捷键，展开该图层的属性。

（2）将当前的时间标签移动到建立第一个关键帧的时间位置。

（3）单击某属性的"关键帧自动记录器"按钮 ，当前时间标签位置将产生第一个关键帧 ，调整此属性到合适值。

（4）将当前时间标签移动到建立下一个关键帧的时间位置，在"合成"预览面板或者"时间轴"面板调整相应的图层属性，关键帧将自动产生。

（5）按 0 键，预览动画。

提示

　　如果某图层的蒙版属性打开了关键帧自动记录器，那么在"图层"面板中调整蒙版时，也会产生关键帧信息。

另外，单击"时间轴"面板控制区中的关键帧面板 中间的 按钮，可以添加关键帧；如果是在已经有关键帧的情况下单击此按钮，则将已有的关键帧删除，快捷键是 Alt+Shift+属性组合键，如 Alt+Shift+P 组合键。

4.4.4　关键帧导航

在 4.4.3 小节中，提到了"时间轴"面板控制区的关键帧面板，此面板最主要的功能就是关键帧导航，通过关键帧导航可以快速跳转到上一个或下一个关键帧位置，还可以方便地添加或者删除关键帧。如果此面板没有出现，则单击"时间轴"面板左上方的 按钮，在弹出的列表中选择"列数 > A/V 功能"命令，即可打开此面板，如图 4-59 所示。

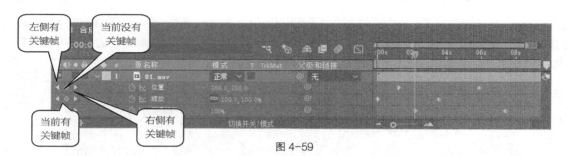

图 4-59

> **提示**
>
> 既然要对关键帧进行导航操作，就必须将关键帧呈现出来，按 U 键，可以显示图层中所有关键帧的动画信息。

◀ 跳转到上一个关键帧位置，其快捷键是 J 键。
▶ 跳转到下一个关键帧位置，其快捷键是 K 键。

> **提示**
>
> 关键帧导航按钮仅针对本属性的关键帧进行导航，快捷键 J 键和 K 键则可以针对画面中显示的所有关键帧进行导航，这是有区别的。

"在当前时间添加或移除关键帧"按钮 ◇：当前无关键帧状态，单击此按钮将生成关键帧。
"在当前时间添加或移除关键帧"按钮 ◆：当前已有关键帧状态，单击此按钮将删除关键帧。

4.4.5 选择关键帧

1. 选择单个关键帧

在"时间轴"面板中，展开某含有关键帧的属性，单击某个关键帧，此关键帧即被选中。

2. 选择多个关键帧

● 在"时间轴"面板中，在按住 Shift 键的同时，逐个选择关键帧，即可同时选择多个关键帧。
● 在"时间轴"面板中，用鼠标拖曳出一个选取框，选取框内的所有关键帧即被选中，如图 4-60 所示。

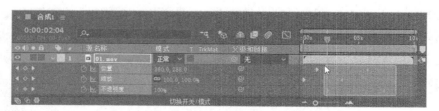

图 4-60

3. 选择所有关键帧

单击图层属性名称，即可选择该图层的属性所有关键帧，如图 4-61 所示。

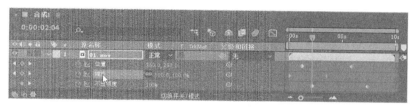

图 4-61

4.4.6　编辑关键帧

1．编辑关键帧值

在关键帧上双击，在弹出的对话框中设置关键帧的参数，如图 4-62 所示。

提示

不同的属性对话框呈现的内容也会不同，图 4-62 为双击"位置"属性关键帧时弹出的对话框。

如果在"合成"面板或者"时间轴"面板中调整关键帧，就必须选中当前关键帧，否则编辑关键帧操作将变成生成新的关键帧操作，如图 4-63 所示。

图 4-62

图 4-63

提示

在按住 Shift 键的同时，移动当前时间标签，当前标签将自动对齐最近的一个关键帧，如果在按住 Shift 键的同时移动关键帧，则关键帧将自动对齐当前时间标签。

同时改变某属性的几个或所有关键帧的值，还需要同时选中几个或者所有关键帧，并确定当前时间标签刚好对齐被选中的某一个关键帧，然后进行修改，如图 4-64 所示。

图 4-64

2．移动关键帧

选中单个或者多个关键帧，将其拖曳到目标时间位置即可移动关键帧。还可以在按住 Shift 键的同时，锁定到当前时间标签位置。

3. 复制关键帧

复制关键帧可以大大提高制作效率，避免一些重复性的操作，但是在粘贴操作前，一定要注意当前选择的目标图层、目标图层的目标属性，以及当前时间标签所在位置，因为这是粘贴操作的重要依据。复制关键帧的具体操作步骤如下。

（1）选中要复制的单个帧或多个关键帧，甚至是多个属性的多个关键帧，如图 4-65 所示。

图 4-65

（2）选择"编辑 > 复制"命令，将选中的多个关键帧复制。选择目标图层，将时间标签移动到目标时间位置，如图 4-66 所示。

图 4-66

（3）选择"编辑 > 粘贴"命令，将复制的关键帧粘贴，按 U 键显示所有关键帧，如图 4-67 所示。

图 4-67

> **提示**
>
> 不仅可以将关键帧复制粘贴到本图层的属性中，也可以将其粘贴到其他图层的属性中。如果复制粘贴到本图层或其他图层的属性中，那么两个属性的数据类型必须一致。例如，将某个二维图层的"位置"动画信息复制粘贴到另一个二维图层的"锚点"属性中，由于两个属性的数据类型是一致的（都是 x 轴和 y 轴的两个值），所以可以实现复制操作。只要在执行粘贴操作前，确定选中目标图层的目标属性即可，如图 4-68 所示。
>
>
>
> 图 4-68

提示

如果粘贴的关键帧与目标图层上的关键帧在同一时间位置，则覆盖目标图层上原来的关键帧。另外，图层的属性值在无关键帧时也可以复制，通常用于统一不同图层间的属性。

4. 删除关键帧

● 选中需要删除的单个或多个关键帧，选择"编辑 > 清除"命令，进行删除操作。

● 选中需要删除的单个或多个关键帧，按 Delete 键，即可完成删除。

● 当前时间位置的关键帧，关键帧面板中的在当前时间添加或移除关键帧按钮呈 ◆ 状态，单击此状态下的这个按钮将删除当前关键帧，或按 Alt+Shift+属性组合键，如 Alt+Shift+P 组合键。

⊙ 如果要删除某属性的所有关键帧，则单击属性的名称选中该属性的全部关键帧，然后按 Delete 键；单击关键帧属性前的"关键帧自动记录器"按钮 ⊙，将其关闭，也起到删除关键帧的作用。

4.5 课堂练习——花开放

🔗 练习知识要点

使用"导入"命令导入视频与图片；使用"缩放"属性缩放效果；使用"位置"属性改变形状位置；使用"色阶"命令调整颜色；使用"启用时间重映射"命令添加并编辑关键帧效果。花开放效果如图 4-69 所示。

扫码观看
本案例视频

图 4-69

⊙ 效果所在位置

云盘\Ch04\花开放\花开放.aep。

4.6 课后习题——水墨过渡效果

习题知识要点

使用"复合模糊"命令制作快速模糊；使用"重置图"命令制作置换效果；使用"透明度"属性添加关键帧并编辑不透明度；使用"矩形工具"绘制蒙版形状效果。水墨过渡效果如图 4-70 所示。

图 4-70

扫码观看
本案例视频

效果所在位置

云盘\Ch04\水墨过渡效果\水墨过渡效果.aep。

05

第 5 章
创建文字

本章介绍创建文字的方法，内容包括文字工具、文字图层、文字特效等。读者学习本章的内容，可以了解并掌握 After Effects CC 2019 的文字创建技巧。

课堂学习目标

✔ 创建文字
✔ 文字效果

5.1　创建文字

在 After Effects CS6 中创建文字非常方便，有以下几种方法。

⊙ 单击工具栏中的"横排文字工具" T，如图 5-1 所示。

图 5-1

⊙ 选择"图层 > 新建 > 文本"命令，或按 Ctrl+Alt+Shift+T 组合键，如图 5-2 所示。

图 5-2

5.1.1　课堂案例——打字效果

案例学习目标

学习输入文字、编辑文字和制作打字动画。

案例知识要点

使用"横排文字工具"，输入文字；使用"字符"面板，编辑文字；使用"应用动画预置"命令，制作打字动画。打字效果如图 5-3 所示。

图 5-3

扫码观看
本案例视频

扫码查看
扩展案例

效果所在位置

云盘\Ch05\打字效果\打字效果.aep。

（1）按 Ctrl+N 组合键，弹出"合成设置"对话框，在"合成名称"文本框中输入"最终效果"，其他选项的设置如图 5-4 所示，单击"确定"按钮，创建一个新的合成"最终效果"。选择"文件 > 导入 > 文件"命令，在弹出的"导入文件"对话框中，选择云盘中的"Ch05\打字效果\（Footage）\ 01.jpg"文件，单击"导入"按钮，图片被导入"项目"面板中，如图 5-5 所示，并将其拖曳到"时间轴"面板中。

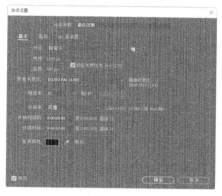

图 5-4

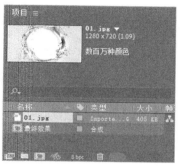

图 5-5

（2）选择"横排文字工具"，在"合成"面板输入文字"童年是欢乐的海洋，在童年的回忆中有无数的趣事，也有伤心的往事，我在那回忆的海岸寻觅着美丽的童真，找到了……"。选中文字，在"字符"面板中设置文字参数，如图 5-6 所示。"合成"面板中的效果如图 5-7 所示。

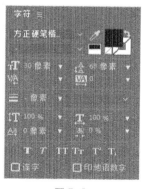

图 5-6

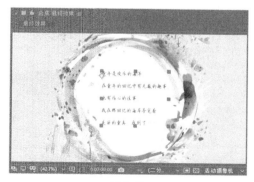

图 5-7

（3）选中文字图层，将时间标签放置在 0s 的位置，选择"窗口 > 效果和预设"命令，打开"效果和预设"面板，单击"动画预设"文件夹左侧的小箭头按钮 ▶ 将其展开，双击"Text > Multi-line > 文字处理器"命令，如图 5-8 所示，应用效果。"合成"面板中的效果如图 5-9 所示。

（4）选中文字图层，按 U 键展开所有关键帧属性，如图 5-10 所示。将时间标签放置在 8:03s 的位置，在按住 Shift 键的同时，将第 2 个关键帧拖曳到时间标签所在的位置，并设置"滑块"为 100，如图 5-11 所示。

图 5-8

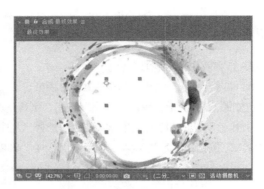
图 5-9

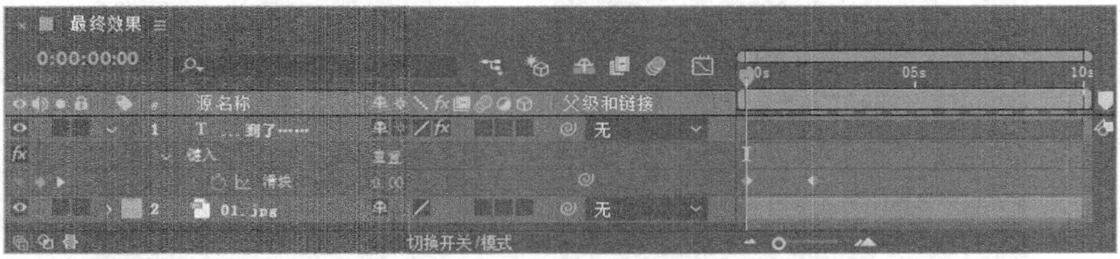

图 5-10

图 5-11

（5）打字效果制作完成，如图 5-12 所示。

图 5-12

5.1.2　文字工具

工具栏提供了建立文本的工具，包括"横排文字工具" T 和"直排文字工具" T，可以根据需要建立水平文字和垂直文字，如图 5-13 所示。可以在"字符"面板中设置字体类型、字号、颜色、字间距、行间距和比例关系等。可以在"段落"面板中设置文本左对齐、中心对齐和右对齐等段落对齐方式，如图 5-14 所示。

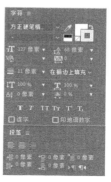

图 5-13　　　　　　　　　　　　　　　　图 5-14

5.1.3　文字图层

在菜单栏中选择"图层 > 新建 > 文本"命令，如图 5-15 所示，可以建立一个文字图层。建立文字图层后，可以直接在面板中输入需要的文字，如图 5-16 所示。

图 5-15

图 5-16

5.2 文字效果

After Effect CC 2019 保留了旧版本中的一些文字效果，如基本文字和路径文字，这些效果主要用于创建一些单纯使用文字工具不能实现的效果。

5.2.1 课堂案例——烟飘文字

案例学习目标

学习为文字添加效果。

案例知识要点

使用"横排文字工具"输入文字；使用"分形杂色"命令制作背景效果；使用"矩形工具"制作蒙版效果；使用"复合模糊"命令、"置换图"命令制作烟飘效果。烟飘文字效果如图 5-17 所示。

图 5-17

扫码观看
本案例视频

扫码查看
扩展案例

效果所在位置

云盘\Ch05\烟飘文字\烟飘文字.aep。

1. 输入文字与添加噪波

（1）按 Ctrl+N 组合键，弹出"合成设置"对话框，在"合成名称"文本框中输入"文字"，单击"确定"按钮，创建一个新的合成"文字"，如图 5-18 所示。

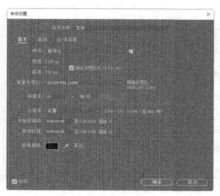

图 5-18

（2）选择"横排文字工具" ，在"合成"面板中输入文字"Beautiful GIRL"。选中文字，在"字符"面板中设置文字参数如图 5-19 所示。"合成"面板中的效果如图 5-20 所示。

图 5-19

图 5-20

（3）按 Ctrl+N 组合键，弹出"合成设置"对话框，在"合成名称"文本框中输入"噪波"，如图 5-21 所示，单击"确定"按钮。创建一个新的合成"噪波"。选择"图层 > 新建 > 纯色"命令，弹出"固态层设置"对话框，在"名称"文本框中输入文字"噪波"，将"颜色"设为灰色（其 R、G、B 值均为 135），单击"确定"按钮，在"时间轴"面板中新增一个灰色纯色图层，如图 5-22 所示。

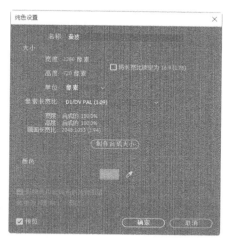

图 5-21

图 5-22

（4）选中"噪波"图层，选择"效果 > 杂色和颗粒 > 分形杂色"命令，在"效果控件"面板中设置参数，如图 5-23 所示。"合成"面板中的效果如图 5-24 所示。

（5）将时间标签放置在 0s 的位置，在"效果控件"面板中，单击"演化"选项左侧的"关键帧自动记录器"按钮，如图 5-25 所示，记录第 1 个关键帧。将时间标签放置在 04:24s 的位置，在"效果控件"面板中，设置"演化"为 3x+0.0°，如图 5-26 所示，记录第 2 个关键帧。

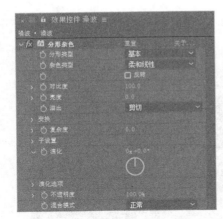
图 5-23

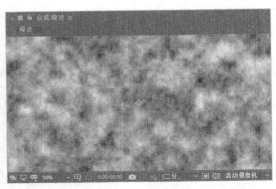
图 5-24

图 5-25

图 5-26

2. 添加蒙版效果

（1）选择"矩形工具" 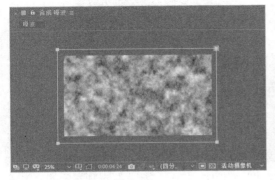，在"合成"面板中拖曳鼠标绘制一个矩形蒙版，如图 5-27 所示。按 F 键，展开"蒙版羽化"属性，设置"蒙版羽化"参数为 140.0，140.0，如图 5-28 所示。

图 5-27

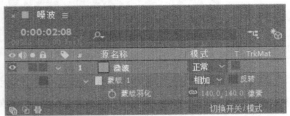
图 5-28

（2）将时间标签放置在 0s 的位置，选中"噪波"图层，按两次 M 键，展开"蒙版"属性，单击"蒙版路径"选项左侧的"关键帧自动记录器"按钮，如图 5-29 所示，记录第 1 个蒙版形状关键帧。将时间标签放置在 04:24s 的位置，选择"选取工具" ，在"合成"面板中同时选中蒙版左侧的两个控制点，将控制点向右拖曳到适当的位置，如图 5-30 所示，记录第 2 个蒙版形状关键帧。

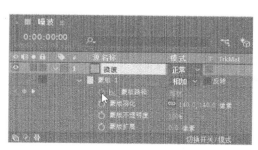

图 5-29

图 5-30

（3）按 Ctrl+N 组合键，创建一个新的合成，命名为"噪波 2"。选择"图层 > 新建 > 纯色"命令，新建一个灰色固态图层，命名为"噪波 2"。与前面制作"噪波"合成的步骤一样，添加"分形杂色"特效并添加关键帧。选择"效果 > 颜色校正 > 曲线"命令，在"效果控件"面板中调节曲线的参数，如图 5-31 所示。调节后，"合成"面板中的效果如图 5-32 所示。

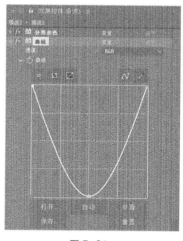

图 5-31

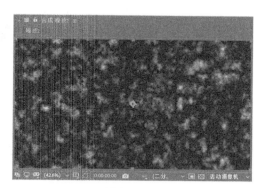

图 5-32

（4）按 Ctrl+N 组合键，弹出"合成设置"对话框，在"合成名称"文本框中输入"最终效果"，单击"确定"按钮，创建一个新的合成"最终效果"，如图 5-33 所示。在"项目"面板中，分别选中"文字""噪波"和"噪波 2"，将它们合成并拖曳到"时间轴"面板中，图层的排列如图 5-34 所示。

（5）选择"文件 > 导入 > 文件"命令，在弹出的"导入文件"对话框中，选择云盘中的"Ch05\烟飘文字\（Footage）\01.avi"文件，单击"导入"按钮，导入背景视频，并将其拖曳到"时间轴"面板中，如图 5-35 所示。

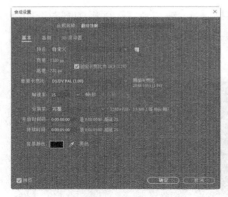

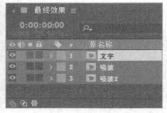

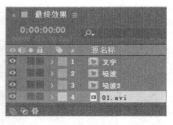

图 5-33　　　　　　　　　　图 5-34　　　　　　　　　　图 5-35

（6）分别单击"噪波"和"噪波 2"图层左侧的眼睛按钮 👁，将图层隐藏。选中"文字"图层，选择"效果 > 模糊和锐化 > 复合模糊"命令，在"效果控件"面板中设置参数，如图 5-36 所示。"合成"面板中的效果如图 5-37 所示。

图 5-36　　　　　　　　　　　　　　　　图 5-37

（7）在"效果控件"面板中，单击"最大模糊"选项左侧的"关键帧自动记录器"按钮 👁，如图 5-38 所示，记录第 1 个关键帧。将时间标签放置在 4:24s 的位置，在"效果控件"面板中，设置"最大模糊"为 0.0，如图 5-39 所示，记录第 2 个关键帧。

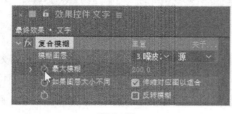

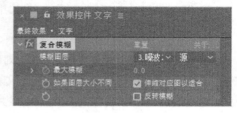

图 5-38　　　　　　　　　　　　　　　图 5-39

（8）选择"效果 > 扭曲 > 置换图"命令，在"效果控件"面板中设置参数，如图 5-40 所示。烟飘文字制作完成，效果如图 5-41 所示。

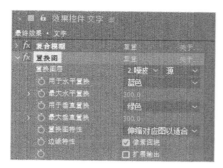

图 5-40

图 5-41

5.2.2　基本文字效果

基本文字效果用于创建文本或文本动画，可以指定文本的字体、样式、方向以及对齐方式，如图 5-42 所示。

该效果还可以将文字创建在一个现有的图像图层中，选择"在原始图像上合成"复选框，可以将文字与图像融合在一起，也可以取消选择该复选框，只使用文字。面板中还提供了位置、填充和描边、大小、字符间距和行距等信息，如图 5-43 所示。

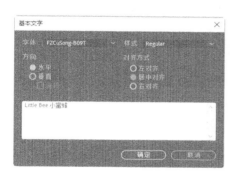

图 5-42

图 5-43

5.2.3　路径文字效果

路径文字效果用于制作字符沿某一条路径运动的动画效果。选择"效果 > 路径文字"命令，打开"路径文字"对话框，该效果对话框提供了字体和样式设置，如图 5-44 所示。

图 5-44

路径文字面板还提供了信息以及路径选项、填充和描边、字符、段落、高级和"在原始图像上合成"等设置，如图 5-45 所示。

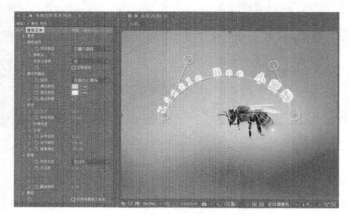

图 5-45

5.2.4 编号

编号效果生成不同格式的随机数或序数，如小数、日期和时间码，甚至是当前日期和时间（在渲染时）。使用编码效果可以创建各种计数器。序数的最大偏移是 30 000。此效果适用于 8-bpc 颜色。选择"效果 > 文本 > 编号"命令，打开"编号"对话框，在"编号"对话框中可以设置字体、样式、方向和对齐方式等，如图 5-46 所示。

"编号"面板还提供格式、填充和描边、大小和字符间距等设置，如图 5-47 所示。

图 5-46

图 5-47

5.2.5 时间码效果

时间码效果主要用于在素材图层中显示时间信息或者关键帧上的编码信息，还可以将时间码的信息译成密码并保存在图层中显示。在"时间码"面板中可以设置显示格式、时间源、丢帧、开始帧、文本位置、文字大小和文本颜色等，如图 5-48 所示。

图 5-48

5.3 课堂练习——飞舞数字流

🔗 练习知识要点

　　使用"横排文字工具"输入文字并编辑；使用"导入"命令导入文件；使用"Particular"命令制作飞舞数字。飞舞数字流效果如图 5-49 所示。

扫码观看
本案例视频

图 5-49

⊙ 效果所在位置

　　云盘\Ch05\飞舞数字流\飞舞数字流.aep。

5.4 课后习题——运动模糊文字

🔗 习题知识要点

　　使用"导入"命令，导入素材；使用"镜头光晕"命令添加光晕效果；使用"模式"选项，设置图层的混合模式。运动模糊文字效果如图 5-50 所示。

图 5-50

扫码观看
本案例视频

效果所在位置

云盘\Ch05\运动模糊文字\运动模糊文字. aep。

06

第6章
应用效果

本章主要介绍 After Effects 中各种效果控制面板及其应用方式和参数设置，对有实用价值、存在一定难度的效果进行重点讲解。通过本章的学习，读者可以快速了解并掌握 After Effects 效果制作的精髓部分。

课堂学习目标

- ✔ 初步了解效果
- ✔ 模糊和锐化
- ✔ 颜色校正
- ✔ 生成
- ✔ 扭曲
- ✔ 杂波和颗粒
- ✔ 模拟
- ✔ 风格化

6.1 初步了解效果

After Effects 软件本身自带了许多效果，包括音频、模糊和锐化、颜色校正、扭曲、键控、模拟、风格化和文字等。效果不仅能对影片进行丰富的艺术加工，还可以提高影片的画面质量和播放效果。

6.1.1 为图层添加效果

为图层添加效果的方法很简单，方式也有很多种，可以根据情况灵活应用。

● 在"时间轴"面板，选中某个图层，再选择"效果"菜单中的各项效果命令即可。

● 在"时间轴"面板的某个图层上单击鼠标右键，在弹出的菜单中选择"效果"子菜单，然后选择其中的各项滤镜命令即可。

● 选择"窗口 > 效果和预设"命令，或按 Ctrl+5 组合键，打开"效果和预设"面板，从分类中选中需要的效果，然后拖曳到"时间轴"面板中的某层上即可，如图 6-1 所示。

● 在"时间轴"面板中选择某图层，然后选择"窗口 > 效果和预设"命令，打开"效果和预置"面板，双击分类中选择的效果即可。

对于图层来讲，一个效果常常是不能满足创作需要的。只有使用以上描述的任意一种方法，为图层添加多个效果，才能制作出复杂而千变万化的效果。但是，在同一图层应用多个效果时，一定要注意效果添加的顺序，因为不同的顺序可能会有完全不同的画面效果，如图 6-2 和图 6-3 所示。

图 6-1

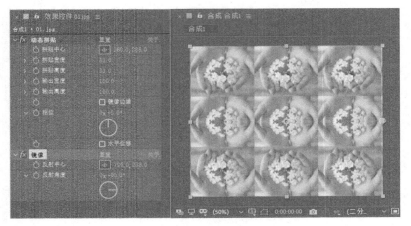

图 6-2

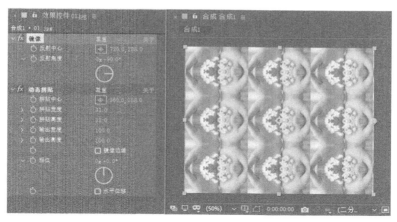

图 6-3

改变效果顺序的方法也很简单，只要在"效果控件"面板或者"时间轴"面板中，上下拖曳需要的效果到目标位置即可，如图 6-4 和图 6-5 所示。

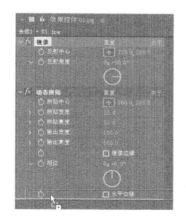

图 6-4

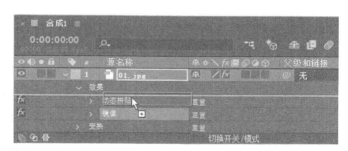

图 6-5

6.1.2　调整、删除和复制效果

1.　调整效果

在为图层添加效果时，一般会自动将"效果控件"面板打开，如果并未打开该面板，可以选择"窗口 > 效果控件"命令，将"效果控件"面板打开。

添加效果后，效果的属性不同产生的效果也不同，可以通过以下 5 种方式调整效果属性。

● 位置点定义：一般用来设置特效的中心位置。调整的方法有两种：一种是直接调整后面的参数值；另一种是单击 █，在"合成"面板中的合适位置单击鼠标，效果如图 6-6 所示。

● 调整数值：将鼠标放置在某个选项右侧的数值上，鼠标指针变为 🖑 时，上下拖曳鼠标可以调整数值，如图 6-7 所示，也可以直接在数值上单击将其激活，然后输入需要的数值。

● 调整滑块：左右拖动滑块调整数值。不过需要注意：滑块并不能显示参数的极限值。例如，复合模糊滤镜，虽然在调整滑块中看到的调整范围是 0 ~ 100，但如果用直接输入数值的方法调整，则最大值能输入 4000，因此在滑块中看到的调整范围一般是常用的数值段，如图 6-8 所示。

图 6-6

图 6-7

● 颜色选取框：主要用于选取或者改变颜色，单击会弹出图 6-9 所示的色彩选择对话框。
● 角度旋转器：一般与角度和圈数设置有关，如图 6-10 所示。

图 6-8

图 6-9

图 6-10

2. 删除效果

删除效果的方法很简单，只需要在"效果控件"面板或者"时间轴"面板中选择某个效果，按 Delete 键即可删除。

提示

在"时间轴"面板中快速展开效果的方法是：选中含有效果的图层，按 E 键。

3. 复制效果

如果只是在本图层中复制效果，则只需要在"效果控件"面板或者"时间轴"面板中选中效果，按 Ctrl+D 组合键即可实现。

如果是将效果复制到其他层使用，则具体操作步骤如下。

（1）在"效果控件"面板或者"时间轴"面板中选中原图层的一个或多个效果。

（2）选择"编辑 > 复制"命令，或者按 Ctrl+C 组合键，完成滤镜复制操作。

（3）在"时间轴"面板中，选中目标图层，然后选择"编辑 > 粘贴"命令，或按 Ctrl+V 组合键，完成效果粘贴操作。

4. 暂时关闭效果

在"效果控件"面板或者"时间轴"面板中，有一个非常方便的开关 *fx*，可以帮助用户暂时关闭某个或某几个效果，使其不起作用，如图 6-11 和图 6-12 所示。

图 6-11

图 6-12

6.1.3　制作关键帧动画

1. 在"时间轴"面板中制作动画

（1）在"时间轴"面板中选择某图层，选择"效果 > 模糊和锐化 > 高斯模糊"命令，添加高斯模糊效果。

（2）按 E 键，展开该效果的属性，单击"高斯模糊"效果名称左侧的小箭头按钮 ，展开各项具体参数设置。

（3）单击"模糊度"选项左侧的"关键帧自动记录器"按钮 ，生成第 1 个关键帧，如图 6-13 所示。

（4）将当前时间标签移动到另一个时间位置，调整"模糊度"的数值，After Effects 将自动生成第 2 个关键帧，如图 6-14 所示。

图 6-13

图 6-14

（5）按数字键盘上的 0 键，预览动画。

2．在"效果控件"面板中制作关键帧动画

（1）在"时间轴"面板中选择某图层，选择"效果 > 模糊和锐化 > 高斯模糊"命令，添加高斯模糊效果。

（2）在"效果控件"面板中，单击"模糊度"选项左侧的"关键帧自动记录器"按钮 ，如图 6-15 所示，或在按住 Alt 键的同时，单击"模糊度"名称，生成第 1 个关键帧。

图 6-15

（3）将当前时间标签移动到另一个时间位置，在"效果控件"面板中，调整"模糊度"的数值，自动生成第 2 个关键帧。

6.1.4　使用效果预设

在赋予效果预设时，在操作之前必须确定时间标签所处的时间位置，因为赋予的效果预设如果含有动画信息，将会以当前时间标签位置为动画的起始点，如图 6-16 和图 6-17 所示。

图 6-16

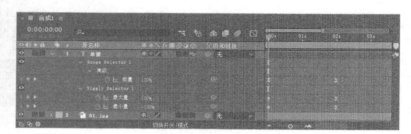

图 6-17

6.2　模糊和锐化

模糊和锐化效果用来使图像模糊和锐化。模糊效果是最常应用的效果之一，也是一种简便易行的改变画面视觉效果的途径。动态的画面需要"虚实结合"，这样即使是平面的合成，也能给人空间感和对比感，更能让人产生联想，而且可以使用模糊来提升画面的质量，有时很粗糙的画面经过处理后，也会有良好的效果。

6.2.1　课堂案例——闪白效果

案例学习目标

为图片添加多种模糊效果。

案例知识要点

使用"导入"命令导入素材；使用"快速方框模糊"命令、"色阶"命令制作图像闪白效果；使用"投影"命令，制作文字投影效果；使用"效果和预设"命令，制作文字动画特效。闪白效果如图 6-18 所示。

扫码观看
本案例视频

扫码查看
扩展案例

图 6-18

效果所在位置

云盘\Ch06\闪白效果\闪白效果.aep。

1. 导入素材

（1）按 Ctrl+N 组合键，弹出"合成设置"对话框，在"合成名称"文本框中输入"最终效果"，其他选项的设置如图 6-19 所示，单击"确定"按钮，创建一个新的合成"最终效果"。

（2）选择"文件 > 导入 > 文件"命令，在弹出的"导入文件"对话框中，选择云盘中的"Ch06\闪白效果\（Footage）\ 01.jpg ~ 07.jpg"共 7 个文件，单击"导入"按钮，将图片导入"项目"面板中，如图 6-20 所示。

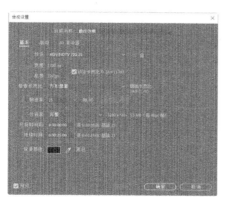

图 6-19

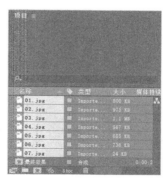

图 6-20

（3）在"项目"面板中，选中"01.jpg ~ 05.jpg"文件，并将它们拖曳到"时间轴"面板中，图层的排列如图 6-21 所示。将时间标签放置在 3s 的位置，如图 6-22 所示。

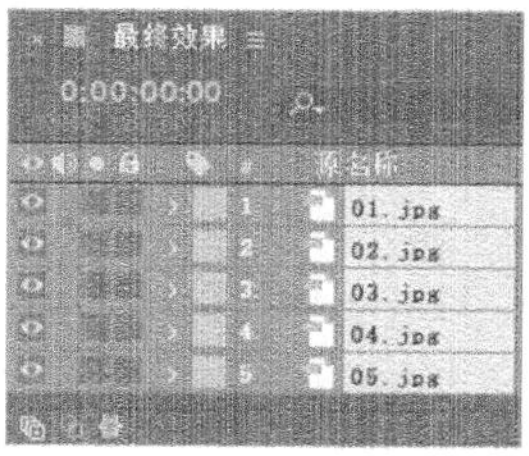

图 6-21

图 6-22

（4）选中"01.jpg"图层，按 Alt+] 组合键，设置动画的出点，"时间轴"面板如图 6-23 所示。用相同的方法分别设置"03.jpg""04.jpg"和"05.jpg"图层的出点，"时间轴"面板如图 6-24 所示。

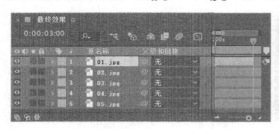

图 6-23   图 6-24

（5）将时间标签放置在 4s 的位置，如图 6-25 所示。选中"02.jpg"图层，按 Alt+] 组合键，设置动画的出点，"时间轴"面板如图 6-26 所示。

图 6-25   图 6-26

（6）在"时间轴"面板中选中"01.jpg"图层，在按住 Shift 键的同时，选中"05.jpg"图层，两图层之间的图层将被选中，选择"动画 > 关键帧辅助 > 序列图层"命令，弹出"序列图层"对话框，取消勾选"重叠"复选框，如图 6-27 所示，单击"确定"按钮，每个图层依次排序，首尾相接，如图 6-28 所示。

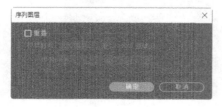
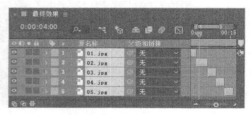

图 6-27   图 6-28

（7）选择"图层 > 新建 > 调整图层"命令，在"时间轴"面板中新增 1 个调整图层，如图 6-29 所示。

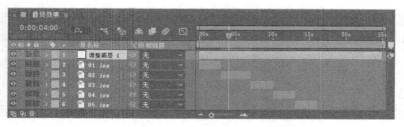

图 6-29

2. 制作图像闪白

（1）选中"调整图层 1"图层，选择"效果 > 模糊和锐化 > 快速方框模糊"命令，在"效果控件"面板中设置参数，如图 6-30 所示。"合成"面板中的效果如图 6-31 所示。

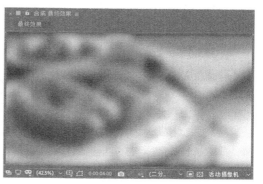

图 6-30   图 6-31

（2）选择"效果 > 颜色校正 > 色阶"命令，在"效果控件"面板中设置参数，如图 6-32 所示。"合成"面板中的效果如图 6-33 所示。

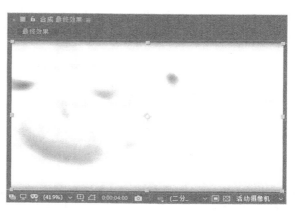

图 6-32   图 6-33

（3）将时间标签放置在 0s 的位置，在"效果控件"面板中，单击"快速方框模糊"效果中的"模糊半径"选项和"色阶"效果中的"直方图"选项左侧的"关键帧自动记录器"按钮 ⏱，记录第 1 个关键帧，如图 6-34 所示。

（4）将时间标签放置在 0:06s 的位置，在"效果控件"面板中，设置"模糊半径"为 0.0，"输入白色"为 255.0，如图 6-35 所示，记录第 2 个关键帧。"合成"面板中的效果如图 6-36 所示。

（5）将时间标签放置在 02:04s 的位置，按 U 键展开所有关键帧，如图 6-37 所示。单击"时间轴"面板中"模糊半径"选项和"直方图"选项左侧的"在当前时间添加或移除关键帧"按钮 ◆，记录第 3 个关键帧，如图 6-38 所示。

图 6-34

图 6-35

图 6-36

图 6-37

图 6-38

（6）将时间标签放置在 02：14s 的位置，在"效果控件"面板中，设置"模糊半径"为 7.0，"输入白色"为 94.0，如图 6-39 所示，记录第 4 个关键帧。"合成"面板中的效果如图 6-40 所示。

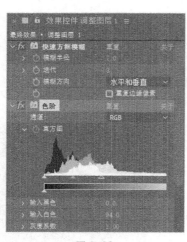
图 6-39

图 6-40

（7）将时间标签放置在 03：08s 的位置，在"效果控件"面板中，设置"模糊半径"为 20.0，"输入白色"为 58.0，如图 6-41 所示，记录第 5 个关键帧。"合成"面板口中的效果如图 6-42 所示。

（8）将时间标签放置在 03：18s 的位置，在"效果控件"面板中，设置"模糊半径"为 0.0，"输入白色"为 255.0，如图 6-43 所示，记录第 6 个关键帧。"合成"面板中的效果如图 6-44 所示。

图 6-41

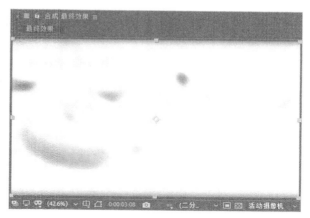

图 6-42

（9）至此制作完成了第一段素材与第二段素材之间的闪白动画。用同样的方法设置其他素材的闪白动画，如图 6-45 所示。

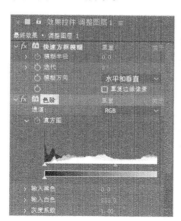

图 6-43

图 6-44

图 6-45

3. 编辑文字

（1）在"项目"面板中，选中"06.jpg"文件并将其拖曳到"时间轴"面板中，图层的排列如图 6-46 所示。将时间标签放置在 15:23s 的位置，按 Alt+ [组合键，设置动画的入点，"时间轴"

面板如图 6-47 所示。

图 6-46   图 6-47

（2）将时间标签放置在 20s 的位置，选择"横排文字工具" T ，在"合成"面板中输入文字"爱上西餐厅"。选中文字，在"字符"面板中，设置"填充颜色"为青绿色（其 R、G、B 值分别为 76、244、255），在"段落"面板中设置对齐方式为文字居中，设置其他参数如图 6-48 所示。"合成"面板中的效果如图 6-49 所示。

图 6-48   图 6-49

（3）选中文字图层，把该层拖曳到调整图层的下面，选择"效果 > 透视 > 投影"命令，在"效果控件"面板中设置参数，如图 6-50 所示。"合成"面板中的效果如图 6-51 所示。

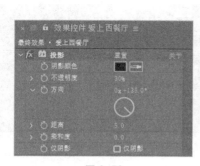

图 6-50   图 6-51

（4）将时间标签放置在 16:16s 的位置，选择"窗口 > 效果和预设"命令，打开"效果和预设"面板，展开"动画预设"选项，双击"Text > Animate In > 解码淡入"选项，文字图层会自动添加动画效果。"合成"面板中的效果如图 6-52 所示。

（5）将时间标签放置在 18:05s 的位置，选中文字图层，按 U 键展开所有关键帧，在按住 Shift 键的同时，拖曳第 2 个关键帧到时间标签所在的位置，如图 6-53 所示。

图 6-52   图 6-53

（6）在"项目"面板中，选中"07.jpg"文件并将其拖曳到"时间轴"面板中，设置图层的混合模式为"屏幕"，图层的排列如图 6-54 所示。将时间标签放置在 18:13s 的位置，选中"07.jpg"图层，按 Alt+ [组合键，设置动画的入点，"时间轴"面板如图 6-55 所示。

图 6-54   图 6-55

（7）选中"07.jpg"图层，按 P 键，展开"位置"属性，设置"位置"为 1122.0、380.0，单击"位置"选项左侧的"关键帧自动记录器"按钮，如图 6-56 所示，记录第 1 个关键帧。将时间标签放置在 20s 的位置，设置"位置"为 -208.0、380.0，记录第 2 个关键帧，如图 6-57 所示。

图 6-56   图 6-57

（8）选中"07.jpg"图层，按 Ctrl+D 组合键复制图层，按 U 键，展开所有关键帧，将时间标签放置在 18:13s 的位置，设置"位置"为 159.0、380.0，如图 6-58 所示。将时间标签放置在 20s 的位置，设置"位置"为 1606.0、380.0，如图 6-59 所示。

（9）闪白效果制作完成，如图 6-60 所示。

图 6-58

图 6-59

图 6-60

6.2.2　高斯模糊

高斯模糊效果用于模糊和柔化图像，可以去除杂点。高斯模糊能产生更细腻的模糊效果，尤其是单独使用的时候。高斯模糊效果的参数设置如图 6-61 所示。

模糊度：调整图像的模糊程度。

模糊方向：设置模糊的方式。提供了水平和垂直、水平、垂直 3 种模糊方式。

高斯模糊效果演示如图 6-62 ~ 图 6-64 所示。

图 6-61

图 6-62

图 6-63

图 6-64

6.2.3　定向模糊

定向模糊也称为方向模糊。这是一种十分具有动感的模糊效果，可以产生任何方向的运动视觉。

当图层为草稿质量时，应用图像边缘的平均值；为最高质量时，应用高斯模式的模糊，产生平滑、渐变的模糊效果。定向模糊效果的参数设置如图6-65所示。

图6-65

方向：调整模糊的方向。

模糊长度：调整滤镜的模糊程度，数值越大，模糊的程度也就越大。

定向模糊效果演示如图6-66~图6-68所示。

图6-66

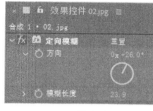
图6-67

图6-68

6.2.4 径向模糊

径向模糊效果可以在图层中围绕特定点为图像增加移动或旋转模糊的效果，径向模糊效果的参数设置如图6-69所示。

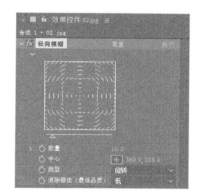

数量：控制图像的模糊程度。模糊程度的大小取决于模糊数量，在旋转类型状态下，模糊数量表示旋转模糊程度；在缩放类型下，模糊数量表示缩放模糊程度。

中心：调整模糊中心点的位置。可以单击按钮 ，在视频窗口中指定中心点位置。

类型：设置模糊类型。其中提供了旋转和缩放两种模糊类型。

消除锯齿（最佳品质）：该功能只在图像的最高品质下起作用。

图6-69

径向模糊效果演示如图6-70~图6-72所示。

图6-70

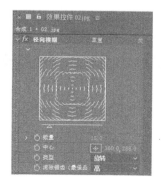
图6-71

图6-72

6.2.5　快速方框模糊

快速方框模糊效果用于设置图像的模糊程度，它和高斯模糊十分类似，而它在大面积应用时实现速度更快，效果更明显。快速方框模糊效果的参数设置如图 6-73 所示。

图 6-73

模糊半径：用于设置模糊程度。

迭代：设置模糊效果连续应用到图像的次数。

模糊方向：设置模糊方向，分别有水平、垂直、水平和垂直 3 种方式。

重复边缘像素：勾选此复选框，可让边缘保持清晰度。

快速模糊效果演示如图 6-74~图 6-76 所示。

图 6-74

图 6-75

图 6-76

6.2.6　锐化

锐化效果用于锐化图像，在图像颜色发生变化的地方提高图像的对比度。锐化效果的参数设置如图 6-77 所示。

图 6-77

锐化量：用于设置锐化的程度。

锐化效果演示如图 6-78~图 6-80 所示。

图 6-78

图 6-79

图 6-80

6.3　颜色校正

在视频制作过程中，画面颜色的处理是一项很重要的内容，有时直接影响效果的成败，颜色校正效果组下的众多效果可以用来修正色彩不好的画面颜色，也可以调节色彩正常的画面颜色，使其更加精彩。

6.3.1　课堂案例——水墨画效果

案例学习目标

使用色相位/饱和度和曲线效果制作水墨画效果。

案例知识要点

使用"查找边缘"命令、"色相位/饱和度"命令、"曲线"命令、"高斯模糊"命令制作水墨画效果。水墨画效果如图 6-81 所示。

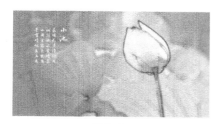

图 6-81　　　　　　扫码观看　　　　扫码查看
　　　　　　　　　本案例视频　　　扩展案例

效果所在位置

云盘\Ch06\水墨画效果\水墨画效果.aep。

1. 导入并编辑素材

（1）按 Ctrl+N 组合键，弹出"合成设置"对话框，在"合成名称"文本框中输入"最终效果"，其他选项的设置如图 6-82 所示，单击"确定"按钮，创建一个新的合成"最终效果"。

（2）选择"文件 > 导入 > 文件"命令，在弹出的"导入文件"对话框中，选择云盘中的"Ch06\水墨画效果\（Footage）\ 01.jpg、02.png"文件，单击"导入"按钮，图片被导入"项目"面板中，如图 6-83 所示。

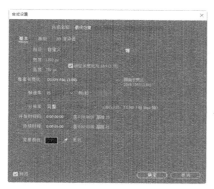

图 6-82　　　　　　　　　　　　　图 6-83

（3）在"项目"面板中，选中"01.jpg"文件并将其拖曳到"时间轴"面板中，如图 6-84 所示。按 Ctrl+D 组合键复制图层，单击复制层左侧的眼睛按钮 ◉，关闭该图层的可视性，如图 6-85 所示。

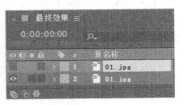

图 6-84　　　　　　　　　　　　　　图 6-85

（4）选中"图层 2"，选择"效果 > 风格化 > 查找边缘"命令，在"效果控件"面板中设置参数，如图 6-86 所示。"合成"面板中的效果如图 6-87 所示。

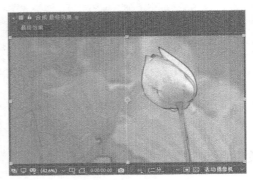

图 6-86　　　　　　　　　　　　　　图 6-87

（5）选择"效果> 颜色校正 > 色相/饱和度"命令，在"效果控件"面板中设置参数，如图 6-88 所示。"合成"面板中的效果如图 6-89 所示。

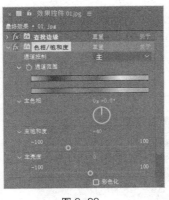

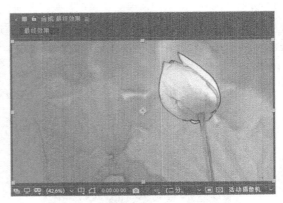

图 6-88　　　　　　　　　　　　　　图 6-89

（6）选择"效果 > 颜色校正 > 曲线"命令，在"效果控件"面板中调整曲线，如图 6-90 所示。"合成"面板中的效果如图 6-91 所示。

（7）选择"效果 > 模糊和锐化 > 高斯模糊"命令，在"效果控件"面板中设置参数，如图 6-92 所示。"合成"面板中的效果如图 6-93 所示。

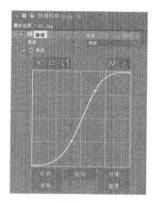

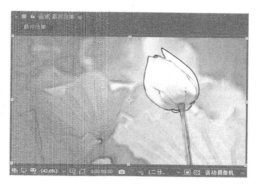

图 6-90   图 6-91

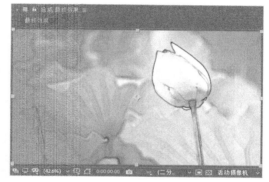

图 6-92   图 6-93

2. 制作水墨画效果

（1）在"时间轴"面板中，单击"图层 1"左侧的 ▓ 按钮，打开该图层的可视性。按 T 键，展开"不透明度"属性，设置"不透明度"为 70%，图层的混合模式为"相乘"，如图 6-94 所示。"合成"面板中的效果如图 6-95 所示。

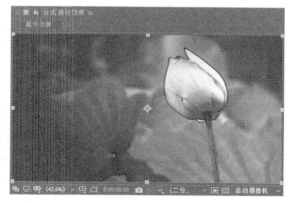

图 6-94   图 6-95

（2）选择"效果 > 风格化 > 查找边缘"命令，在"效果控件"面板中设置参数，如图 6-96 所示。"合成"面板中的效果如图 6-97 所示。

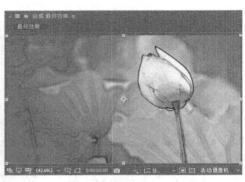

图 6-96   图 6-97

（3）选择"效果 > 颜色校正 > 色相/饱和度"命令，在"效果控件"面板中设置参数，如图 6-98 所示。"合成"面板中的效果如图 6-99 所示。

 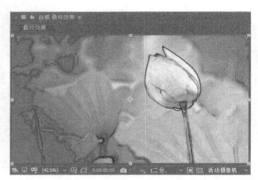

图 6-98   图 6-99

（4）选择"效果 > 颜色校正 > 曲线"命令，在"效果控件"面板中调整曲线，如图 6-100 所示。"合成"面板中的效果如图 6-101 所示。

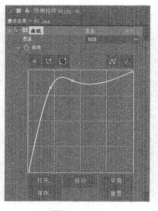 

图 6-100   图 6-101

（5）选择"效果 > 模糊和锐化 > 快速方框模糊"命令，在"效果控件"面板中设置参数，如图 6-102 所示。"合成"面板中的效果如图 6-103 所示。

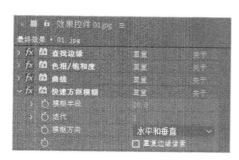

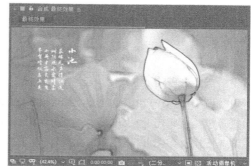

图 6-102

图 6-103

（6）在"项目"面板中，选中"02.png"文件并将其拖曳到"时间轴"面板中，如图 6-104 所示。水墨画效果制作完成，如图 6-105 所示。

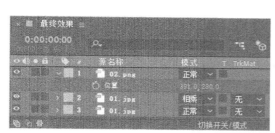

图 6-104

图 6-105

6.3.2 亮度和对比度

亮度和对比度效果用于调整画面的亮度和对比度，可以同时调整所有像素的高亮、暗部和中间色，操作简单有效，但不能调节单一通道，如图 6-106 所示。

亮度：用于调整亮度值。正值增加亮度，负值降低亮度。

对比度：用于调整对比度值。正值增加对比度，负值降低亮度。

亮度和对比度效果演示如图 6-107 ~ 图 6-109 所示。

图 6-106

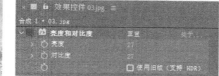

图 6-107

图 6-108

图 6-109

6.3.3　曲线

After Effects 中的曲线控制功能与 Photoshop 中的曲线控制功能类似，可对图像的各个通道进行控制，调节图像色调范围。可以用 0~255 的灰阶调节颜色。用色阶也可以完成同样的工作，但是曲线控制能力更强。曲线效果控件是 After Effects 非常重要的一个调色工具，如图 6-110 所示。

在曲线图表中，可以调整图像的阴影部分、中间色调区域和高亮区域。

通道：用于选择需要调节的通道，可以同时调节图像的 RGB 通道，也可以分别调节红、绿、蓝和 Alpha 通道。

曲线：用来调整校正值，即输入（原始亮度）和输出的对比度。

曲线工具 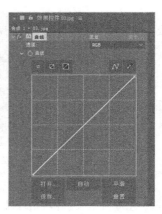：选中曲线工具并单击曲线，可以在曲线上增加控制点。如果要删除控制点，可在曲线上选中要删除的控制点，将其拖曳至坐标区域外即可。拖曳控制点，可编辑曲线。

图 6-110

铅笔工具 ：选中铅笔工具，可以在坐标区域中拖曳鼠标，绘制一条曲线。

平滑按钮：单击此按钮，可以平滑曲线。

自动按钮：单击此按钮，可以自动调整图像的对比度。

打开按钮：单击此按钮，可以打开存储的曲线调节文件。

保存按钮：单击此按钮，可以将调节完成的曲线存储为一个.amp 或.acv 文件，以供再次使用。

6.3.4　色相/饱和度

色相/饱和度用于调整图像的色相、饱和度和亮度。其应用的效果和色彩平衡一样，但颜色相应调整基于色轮。色相/饱和度效果的参数设置如图 6-111 所示。

通道控制：用于选择应用效果颜色通道，选择"主"时，对所有颜色应用效果，如果分别选择红、黄、绿、青、蓝和品红通道，则对所选颜色应用效果。

通道范围：显示颜色映射的谱线，用于控制通道范围。上面的色条表示调节前的颜色，下面的色条表示如何在全饱和状态下影响所有色相。调节单独的通道时，下面的色条会显示控制滑块。拖曳竖条可调节颜色范围，拖曳三角可调整羽化量。

主色相：控制所调节的颜色通道的色调，可利用颜色控制轮盘（代表色轮）改变总的色调。

主饱和度：用于调整主饱和度。拖动滑块控制所调节的颜色通道的饱和度。

主亮度：用于调整主亮度。滑块控制所调节的颜色通道的亮度。

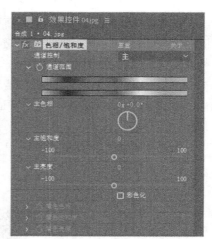

图 6-111

彩色化：选中该复选框，可以将灰阶图转换为带有色调的双色图。

着色色相：通过颜色控制轮盘，控制彩色化图像后的色调。

着色饱和度：拖动滑块，控制彩色化图像后的饱和度。

着色亮度：拖动滑块，控制彩色化图像后的亮度。

提示

色相/饱和度效果是 After Effects 非常重要的一个调色工具，在更改对象色相属性时很方便。在调节颜色的过程中，可以使用色轮来预测图像中相应颜色区域的改变效果，并了解这些更改如何在 RGB 色彩模式间转换。

色相/饱和度效果演示如图 6-112 ~ 图 6-114 所示。

图 6-112

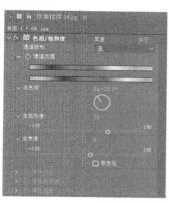

图 6-113

图 6-114

6.3.5　课堂案例——修复逆光照片

案例学习目标

使用色阶调整图片。

案例知识要点

使用"导入"命令导入素材；使用"色阶"命令调整图像的亮度。修复逆光的照片效果如图 6-115 所示。

图 6-115

扫码观看
本案例视频

扫码查看
扩展案例

效果所在位置

云盘\Ch06\修复逆光的照片\修复逆光的照片 .aep。

（1）按 Ctrl+N 组合键，弹出"合成设置"对话框，在"合成名称"文本框中输入"最终效果"，其他选项的设置如图 6-116 所示，单击"确定"按钮，创建一个新的合成"最终效果"。

（2）选择"文件 > 导入 > 文件"命令，在弹出的"导入文件"对话框中，选择云盘中的"Ch06\修复逆光的照片\（Footage）\ 01.jpg"文件，单击"导入"按钮，图片被导入"项目"面板中，并将其拖曳到"时间轴"面板中，如图 6-117 所示。

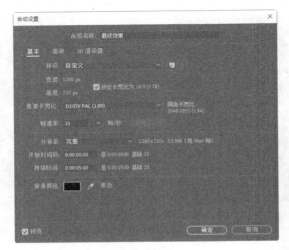

图 6-116　　　　　　　　　　　　　　　　图 6-117

（3）选中"01.jpg"图层，选择"效果 > 颜色校正 > 色阶"命令，在"效果控件"面板中设置参数，如图 6-118 所示。修复逆光照片效果制作完成，如图 6-119 所示。

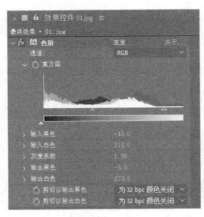

图 6-118　　　　　　　　　　　　　　　　图 6-119

6.3.6　颜色平衡

颜色平衡效果用于调整图像的色彩平衡。分别调节图像的红、绿、蓝通道，可以调节颜色暗部、中间色调和高亮部分的强度，如图 6-120 所示。

阴影红色/绿色/蓝色平衡：用于调整 RGB 彩色的阴影范围平衡。

中间调红色/绿色/蓝色平衡：用于调整 RGB 彩色的中间亮度范围平衡。

高光红色/绿色/蓝色平衡：用于调整 RGB 彩色的高光范围平衡。

保持发光度：选中该复选框可以保持图像的平均亮度来保持图像的整体平衡。

颜色平衡效果演示如图 6-121 ~ 图 6-123 所示。

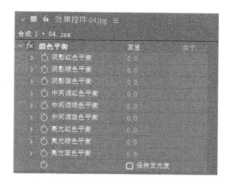

图 6-120

图 6-121

图 6-122

图 6-123

6.3.7　色阶

色阶效果是一个常用的调色工具，用于将输入的颜色范围重新映射到输出的颜色范围中，还可以改变 Gamma 校正曲线。色阶主要用于调整基本的影像质量，其参数设置如图 6-124 所示。

通道：用于选择需要调控的通道。可以选择 RGB 彩色通道、Red 红色通道、Green 绿色通道、Blue 蓝色通道和 Alpha 透明通道分别进行调控。

直方图：可以通过该图了解像素在图像中的分布情况。水平方向表示亮度值，垂直方向表示该亮度值的像素数值。像素值不会比输入黑色值更低，也不会比输入白色值更高。

输入黑色：用于限定输入图像黑色值的阈值。

输入白色：用于限定输入图像白色值的阈值。

灰度系数：用于设置确定输出图像明亮度值分布的功率曲线的指数。

输出黑色：用于限定输出图像黑色值的阈值，黑色输出在图下方灰阶条中。

输出白色：用于限定输出图像白色值的阈值，白色输出在图下方灰阶条中。

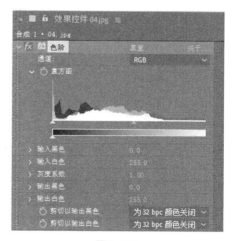

图 6-124

剪切以输出黑色和剪切以输出白色：用于确定明亮度值小于"输入黑色"值或大于"输入白色"值的像素的结果。

色阶效果演示如图 6-125 ~ 图 6-127 所示。

图 6-125　　　　　　　　　　　　图 6-126　　　　　　　　　　　　图 6-127

6.4　生成

生成效果组包含很多效果，可以创造一些原画面中没有的效果，这些效果在制作动画的过程中广泛应用。

6.4.1　课堂案例——动感模糊文字

 案例学习目标

使用镜头光晕效果。

案例知识要点

使用"卡片擦除"命令制作动感文字；使用"定向模糊"命令、"色阶"命令、"Shine"命令制作文字发光效果并改变发光颜色；使用"镜头光晕"命令，添加镜头光晕效果。动感模糊文字效果如图 6-128 所示。

图 6-128

扫码观看
本案例视频

扫码查看
扩展案例

效果所在位置

云盘\Ch06\动感模糊文字\动感模糊文字.aep。

1. 输入文字

（1）按 Ctrl+N 组合键，弹出"合成设置"对话框，在"合成名称"文本框中输入"最终效果"，其他选项的设置如图 6-129 所示，单击"确定"按钮，创建一个新的合成"最终效果"。

（2）选择"文件 > 导入 > 文件"命令，在弹出的"导入文件"对话框中，选择云盘中的"Ch06\动感模糊文字\（Footage）\ 01.mp4"文件，单击"导入"按钮，视频被导入"项目"面板中，如图 6-130 所示。将其拖曳到"时间轴"面板中。

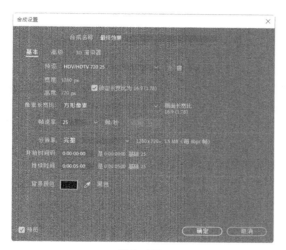

图 6-129

图 6-130

（3）选择"横排文字工具" T，在"合成"面板输入文字"博文学佳教育"。选中文字，在"字符"面板中，设置"填充颜色"为蓝色（其 R、G、B 值分别为 182、193、0），设置其他参数如图 6-131 所示。"合成"面板中的效果如图 6-132 所示。

图 6-131

图 6-132

2. 添加文字效果

（1）选中"文字"层，选择"效果> 过渡 > 卡片擦除"命令，在"效果控件"面板中设置参数，如图 6-133 所示。"合成"面板中的效果如图 6-134 所示。

（2）将时间标签放置在 0s 的位置。在"效果控件"面板中，单击"过渡完成"选项左侧的"关键帧自动记录器"按钮 ，如图 6-135 所示，记录第 1 个关键帧。

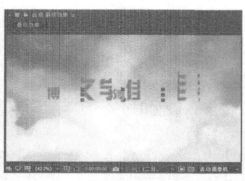
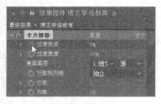

图 6-133　　　　　　　　　　　　图 6-134　　　　　　　　　　　　图 6-135

（3）将时间标签放置在 2s 的位置，在"效果控件"面板中，设置"过渡完成"为 100％，如图 6-136 所示，记录第 2 个关键帧。"合成"面板中的效果如图 6-137 所示。

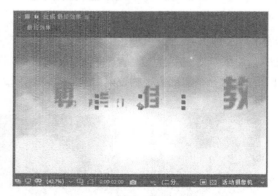

图 6-136　　　　　　　　　　　　图 6-137

（4）将时间标签放置在 0s 的位置，在"效果控件"面板中，展开"摄像机位置"选项，设置"Y 轴旋转"为 100x+0.0°，"Z 位置"为 1。分别单击"摄像机位置"下的"Y 轴旋转"和"Z 位置"、"位置抖动"下的"X 抖动量"和"Z 抖动量"选项前面的"关键帧自动记录器"按钮 ，如图 6-138 所示。

（5）将时间标签放置在 2s 的位置，设置"Y 轴旋转"为 0x+0.0°，"Z 位置"为 2，"X 抖动量"为 0，"Z 抖动量"为 0，如图 6-139 所示。"合成"面板中的效果如图 6-140 所示。

图 6-138

图 6-139

图 6-140

3. 添加文字动感效果

（1）选中文字图层，按 Ctrl+D 组合键复制图层，如图 6-141 所示。在"时间轴"面板中，设置新复制图层的混合模式为"相加"，如图 6-142 所示。

图 6-141

图 6-142

（2）选中"博文学佳教育 2"图层，选择"效果 > 模糊和锐化 > 定向模糊"命令，在"效果控件"面板中设置参数，如图 6-143 所示。"合成"面板中的效果如图 6-144 所示。

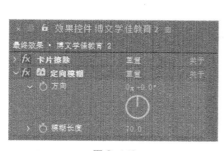
图 6-143

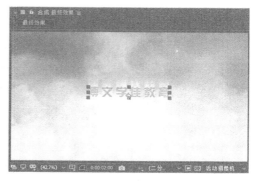
图 6-144

（3）将时间标签放置在 0s 的位置，在"效果控件"面板中，单击"模糊长度"选项左侧的"关键帧自动记录器"按钮，记录第 1 个关键帧。将时间标签放置在 1s 的位置，在"效果控件"面板中，设置"模糊长度"为 100，如图 6-145 所示，记录第 2 个关键帧。"合成"面板中的效果如图 6-146 所示。

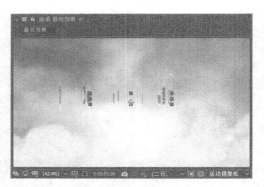

图 6-145   图 6-146

（4）将时间标签放置在 2s 的位置，按 U 键，展开"博文学佳教育 2"图层中的所有关键帧，单击"模糊长度"选项左侧的"在当前时间添加或移除关键帧"按钮，记录第 3 个关键帧，如图 6-147 所示。

（5）将时间标签放置在 02:05s 的位置，在"效果控件"面板中，设置"模糊长度"为 150.0，如图 6-148 所示，记录第 4 个关键帧。

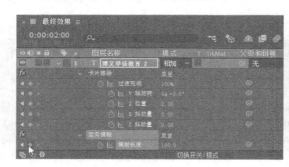

图 6-147   图 6-148

（6）选择"效果 > 颜色校正 > 色阶"命令，在"效果控件"面板中设置参数，如图 6-149 所示。选择"效果 > Trapcode > Shine"命令，在"效果控件"面板中设置参数，如图 6-150 所示。"合成"面板中的效果如图 6-151 所示。

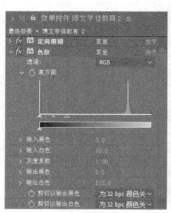

图 6-149   图 6-150   图 6-151

（7）在当前合成中建立一个新的黑色纯色图层"遮罩"。按 P 键，展开"位置"属性，将时间标签放置在 2s 的位置，设置"位置"为 640.0、360.0，单击"位置"选项左侧的"关键帧自动记录器"按钮 ⏱，如图 6-152 所示，记录第 1 个关键帧。将时间标签放置在 3s 的位置，设置"位置"为 1560.0、360.0，如图 6-153 所示，记录第 2 个关键帧。

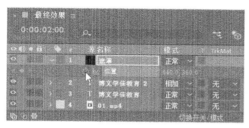

图 6-152

图 6-153

（8）选中"博文学佳教育 2"图层，将该图层的"T 轨道蒙版"设置为"Alpha 遮罩'遮罩'"，如图 6-154 所示。"合成"面板中的效果如图 6-155 所示。

图 6-154

图 6-155

4. 添加镜头光晕

（1）将时间标签放置在 2s 的位置，在当前合成中建立一个新的黑色纯色图层"光晕"，如图 6-156 所示。在"时间轴"面板中，设置"光晕"图层的模式为"相加"，如图 6-157 所示。

图 6-156

图 6-157

（2）选中"光晕"图层，选择"效果 > 生成 > 镜头光晕"命令，在"效果控件"面板中设置参数，如图 6-158 所示。"合成"面板中的效果如图 6-159 所示。

图 6-158

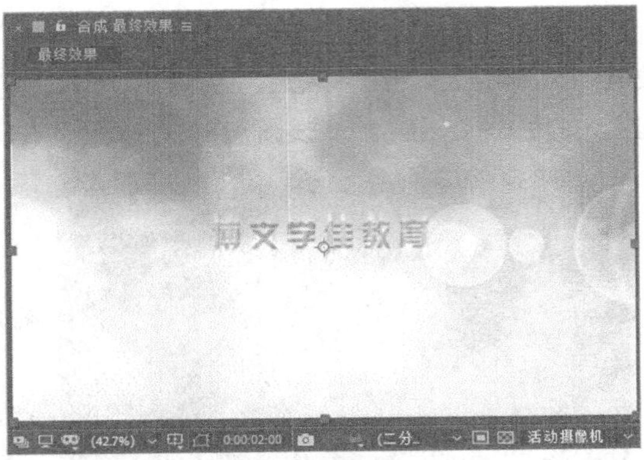

图 6-159

（3）在"效果控件"面板中，单击"光晕中心"选项左侧的"关键帧自动记录器"按钮，如图 6-160 所示，记录第 1 个关键帧。将时间标签放置在 3s 的位置，在"效果控件"面板中，设置"光晕中心"为 1280.0、360.0，如图 6-161 所示，记录第 2 个关键帧。

图 6-160

图 6-161

（4）选中"光晕"图层，将时间标签放置在 2s 的位置，按 Alt+ [组合键设置入点，如图 6-162 所示。将时间标签放置在 3s 的位置，按 Alt+] 组合键设置出点，如图 6-163 所示。动感模糊文字效果制作完成。

图 6-162

图 6-163

6.4.2 高级闪电

高级闪电效果可以用来模拟真实的闪电和放电效果，并自动设置动画，其参数设置如图 6-164 所示。

闪电类型：设置闪电的种类。

源点：闪电的起始位置。

方向：闪电的结束位置。

传导率状态：设置闪电的主干变化。

核心半径：设置闪电主干的宽度。

核心不透明度：设置闪电主干的不透明度。

核心颜色：设置闪电主干的颜色。

发光半径：设置闪电光晕的大小。

发光不透明度：设置闪电光晕的不透明度。

发光颜色：设置闪电光晕的颜色。

Alpha 障碍：设置闪电障碍的大小。

湍流：设置闪电的流动变化。

分叉：设置闪电的分叉数量。

衰减：设置闪电的衰减数量。

主核心衰减：设置闪电的主核心衰减量。

在原始图像上合成：选中该复选框，可以直接针对图片设置
闪电。

复杂度：设置闪电的复杂程度。

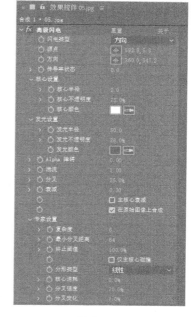

图 6-164

最小分叉距离：分叉之间的距离，值越大，分叉越少。

终止阈值：为低值时闪电更容易终止。

仅主核心碰撞：选中该复选框，只有主核心会受到 Alpha 障碍的影响，从主核心衍生出的分叉
不会受到影响。

分形类型：设置闪电主干的线条样式。

核心消耗：设置闪电主干的渐隐结束。

分叉强度：设置闪电分叉的强度。

分叉变化：设置闪电分叉的变化。

高级闪电效果演示如图 6-165 ~ 图 6-167 所示。

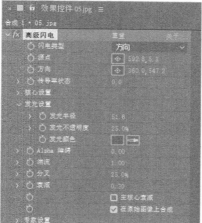

图 6-165　　　　　　　　　　图 6-166　　　　　　　　　　图 6-167

6.4.3 镜头光晕

镜头光晕效果可以模拟镜头拍摄发光的物体时，经过多片镜头产生的很多光环效果，这是后期制作中经常用于提升画面效果的手法。该效果的参数设置如图 6-168 所示。

图 6-168

光晕中心：设置发光点的中心位置。

光晕亮度：设置光晕的亮度。

镜头类型：选择镜头的类型，有 50–300 毫米变焦、35 毫米定焦和 105 毫米定焦。

与原始图像混合：和原素材图像的混合程度。

镜头光晕效果演示如图 6-169～图 6-171 所示。

图 6-169

图 6-170

图 6-171

6.4.4 课堂案例——透视光芒

案例学习目标

学习使用单元格图案效果。

案例知识要点

使用"单元格图案"命令、"亮度和对比度"命令、"快速方框模糊"命令、"发光"命令制作光芒形状；使用"3D 图层"编辑透视效果。透视光芒效果如图 6-172 所示。

图 6-172

扫码观看
本案例视频

扫码查看
扩展案例

效果所在位置

云盘\Ch06\透视光芒\透视光芒.aep。

1. 编辑单元格形状

（1）按 Ctrl+N 组合键，弹出"合成设置"对话框，在"合成名称"文本框中输入"最终效果"，其他选项的设置如图 6-173 所示，单击"确定"按钮，创建一个新的合成"最终效果"。

（2）选择"文件 > 导入 > 文件"命令，在弹出的"导入文件"对话框中，选择云盘中的"Ch06\透视光芒\（Footage）\01.jpg"文件，单击"导入"按钮，导入图片。在"项目"面板中选中"01.jpg"文件并将其拖曳到"时间轴"面板中，如图 6-174 所示。

（3）选择"图层 > 新建 > 纯色"命令，弹出"纯色设置"对话框，在"名称"文本框中输入"光芒"，将"颜色"设置为黑色，单击"确定"按钮，在"时间轴"面板中新增一个黑色纯色图层，如图 6-175 所示。

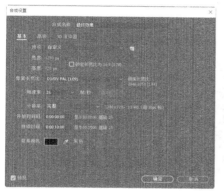
图 6-173

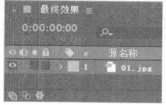
图 6-174

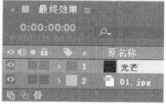
图 6-175

（4）选中"光芒"图层，选择"效果 > 生成 > 单元格图案"命令，在"效果控件"面板中设置参数，如图 6-176 所示。"合成"面板中的效果如图 6-177 所示。

图 6-176

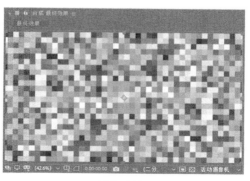
图 6-177

（5）在"效果控件"面板中，单击"演化"选项左侧的"关键帧自动记录器"按钮，如图 6-178 所示，记录第 1 个关键帧。将时间标签放置在 09:24s 的位置，在"效果控件"面板中，设置"演化"

为 7x+0.0°，如图 6-179 所示，记录第 2 个关键帧。

图 6-178　　　　　　　　　　　　　　　图 6-179

（6）选择"效果 > 颜色校正 > 亮度和对比度"命令，在"效果控件"面板中设置参数，如图 6-180 所示。"合成"面板中的效果如图 6-181 所示。

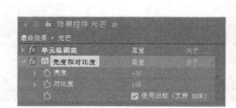

图 6-180　　　　　　　　　　　　　　　图 6-181

（7）选择"效果 > 模糊和锐化 > 快速方框模糊"命令，在"效果控件"面板中设置参数，如图 6-182 所示。"合成"面板中的效果如图 6-183 所示。

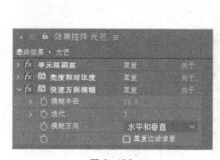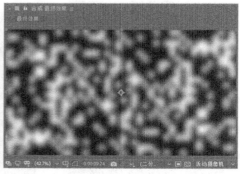

图 6-182　　　　　　　　　　　　　　　图 6-183

（8）选择"效果 > 风格化 > 发光"命令，在"效果控件"面板中，设置"颜色 A"为黄色（其 R、G、B 值分别为 255、228、0），"颜色 B"为红色（其 R、G、B 值分别为 255、0、0），设置其他参数如图 6-184 所示。"合成"面板中的效果如图 6-185 所示。

图 6-184

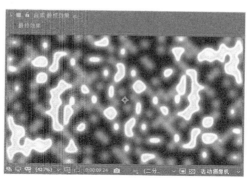

图 6-185

2. 添加透视效果

（1）选择"矩形工具" ，在"合成"面板中拖曳鼠标绘制一个矩形蒙版，选中"光芒"图层，按两次 M 键，展开蒙版属性，设置"蒙版不透明度"为 100%，"蒙版羽化"参数为 233，如图 6-186 所示。"合成"面板中的效果如图 6-187 所示。

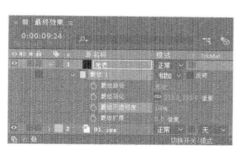

图 6-186

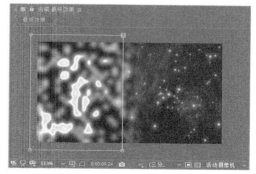

图 6-187

（2）选择"图层 > 新建 > 摄像机"命令，弹出"摄像机设置"对话框，在"名称"文本框中输入"摄像机 1"，其他选项的设置如图 6-188 所示，单击"确定"按钮，在"时间轴"面板中新增一个摄像机图层，如图 6-189 所示。

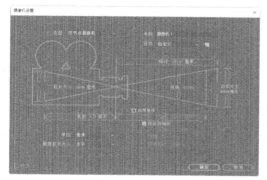

图 6-188

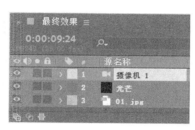

图 6-189

（3）将时间标签放置在 0s 的位置，选中"光芒"图层，单击"光芒"图层右侧的"3D 图层"按钮，打开三维属性，设置"变换"选项，如图 6-190 所示。"合成"面板中的效果如图 6-191 所示。

图 6-190　　　　　　　　　　　图 6-191

（4）单击"锚点"选项左侧的"关键帧自动记录器"按钮，如图 6-192 所示，记录第 1 个关键帧。将时间标签放置到 09:24s 的位置。设置"锚点"为 884.3、400.0、-12.5，记录第 2 个关键帧，如图 6-193 所示。

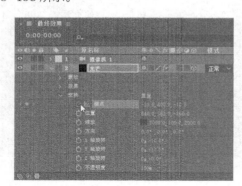

图 6-192　　　　　　　　　　　图 6-193

（5）在"时间轴"面板中，设置"光芒"图层的混合模式为"线性减淡"，如图 6-194 所示。透视光芒效果制作完成，如图 6-195 所示。

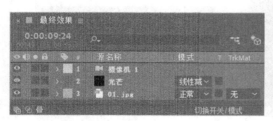

图 6-194　　　　　　　　　　　图 6-195

6.4.5　单元格图案

单元格图案效果可以创建多种类型的类似细胞图案的单元图案拼合效果。其参数设置如图 6-196 所示。

单元格图案：选择图案的类型，包括"气泡""晶体""印板""静态板""晶格化""枕状""晶体 HQ""印板 HQ""静态板 HQ""晶格化 HQ""混合晶体"和"管状"。

反转：选中该复选框，可以反转图案效果。

对比度：设置单元格的颜色对比度。

溢出：包括"剪切""柔和夹住""背面包围"。

分散：设置图案的分散程度。

大小：设置单个图案的大小尺寸。

偏移：设置图案偏离中心点的量。

平铺选项：在该选项下勾选"启用平铺"复选框，可以设置水平单元格和垂直单元格的数值。

演化：为这个参数设置关键帧，可以记录运动变化的动画效果。

图 6-196

演化选项：设置图案的各种扩展变化。

循环（旋转次数）：设置图案的循环。

随机植入：设置图案的随机速度。

单元格图案效果演示如图 6-197 ~ 图 6-199 所示。

图 6-197

图 6-198

图 6-199

6.4.6　棋盘

棋盘效果在图像上创建棋盘格的图案效果，其参数设置如图 6-200 所示。

锚点：设置棋盘格的位置。

大小依据：选择棋盘的尺寸类型，包括"角点""宽度滑块"和"宽度和高度滑块"。

　　边角：只有在"大小依据"中选择"角点"选项，才能激活此选项，用于设置每个矩形的尺寸。

　　宽度：只有在"大小依据"中选择"宽度滑块"或"宽度和高度滑块"选项，才能激活此选项，用于设置矩形块为正方形。

　　高度：只有在"大小依据"中选择"宽度滑块"或"宽度和高度滑块"选项，才能激活此选项，用于设置矩形块为长方形。

　　羽化：设置棋盘格子水平或垂直边缘的羽化程度。

　　颜色：设置格子的颜色。

　　不透明度：设置棋盘的不透明度。

　　混合模式：设置棋盘与原图的混合方式。

　　棋盘格效果演示如图 6-201 ~ 图 6-203 所示。

图 6-200

| 图 6-201 | 图 6-202 | 图 6-203 |

6.5 扭曲

　　扭曲效果主要用来对图像进行扭曲变形，是很重要的一类画面特技，可以校正画面的形状，还可以使平常的画面变形为特殊的效果。

6.5.1 课堂案例——放射光芒

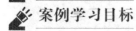 **案例学习目标**

　　学习使用扭曲效果组制作放射光芒效果。

🔒 **案例知识要点**

　　使用"分形杂色"命令、"定向模糊"命令、"色相/饱和度"命令、"发光"命令、"极坐标"命令制作放射光芒特效。放射光芒效果如图 6-204 所示。

效果所在位置

云盘\Ch06\放射光芒\放射光芒.aep。

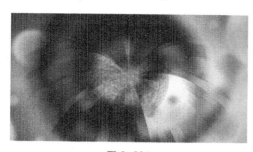

扫码观看
本案例视频

扫码查看
扩展案例

图 6-204

（1）按 Ctrl+N 组合键，弹出"合成设置"对话框，在"合成设置"文本框中输入"最终效果"，其他选项的设置如图 6-205 所示，单击"确定"按钮，创建一个新的合成"最终效果"。

（2）选择"文件 > 导入 > 文件"命令，在弹出的"导入文件"对话框中，选择云盘中的"Ch06\放射光芒\（Footage）\01.jpg"文件，单击"导入"按钮，将素材导入"项目"面板中，如图 6-206 所示。

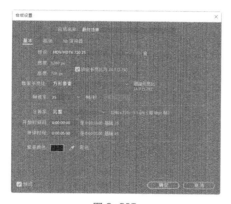

图 6-205

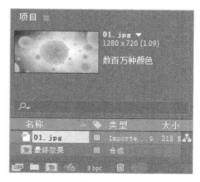

图 6-206

（3）在"项目"面板中，选中"01.jpg"文件，将其拖曳到"时间轴"面板中，如图 6-207 所示。"合成"面板中的效果如图 6-208 所示。

图 6-207

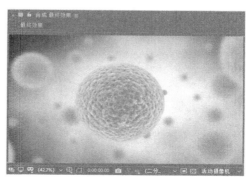

图 6-208

（4）选择"图层 > 新建 > 纯色"命令，弹出"纯色设置"对话框，在"名称"文本框中输入"放射光芒"，将"颜色"设置为黑色，单击"确定"按钮，在"时间轴"面板中新增一个黑色纯色图层，如图 6-209 所示。

（5）选中"放射光芒"图层，选择"效果 > 杂波和颗粒 > 分形杂色"命令，在"效果控件"面板中设置参数，如图 6-210 所示。"合成"面板中的效果如图 6-211 所示。

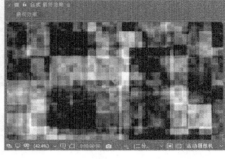

图 6-209

图 6-210

图 6-211

（6）将时间标签放置在 0s 的位置，在"效果控件"面板中，单击"演化"选项左侧的"关键帧自动记录器"按钮，如图 6-212 所示，记录第 1 个关键帧。将时间标签放置在 04:24s 的位置，在"效果控件"面板中，设置"演化"为 10x+0.0°，如图 6-213 所示，记录第 2 个关键帧。

图 6-212

图 6-213

（7）将时间标签放置在 0s 的位置，选中"放射光芒"图层，选择"效果 > 模糊和锐化 > 定向模糊"命令，在"效果控件"面板中设置参数，如图 6-214 所示。"合成"面板中的效果如图 6-215 所示。

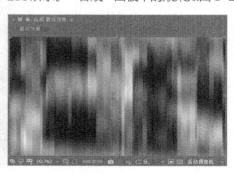

图 6-214

图 6-215

（8）选择"效果 > 颜色校正 > 色相/饱和度"命令，在"效果控件"面板中设置参数，如图 6-216 所示。"合成"面板中的效果如图 6-217 所示。

图 6-216

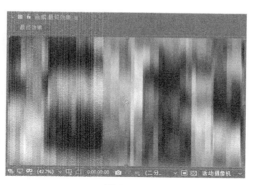
图 6-217

（9）选择"效果 > 风格化 > 发光"命令，在"效果控件"面板中，设置"颜色 A"为蓝色（其 R、G、B 值分别为 36、98、255），设置"颜色 B"为黄色（其 R、G、B 值分别为 255、234、0），设置其他参数如图 6-218 所示。"合成"面板中的效果如图 6-219 所示。

图 6-218

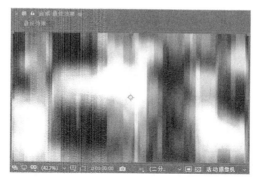
图 6-219

（10）选择"效果 > 扭曲 > 极坐标"命令，在"效果控件"面板中设置参数，如图 6-220 所示。"合成"面板中的效果如图 6-221 所示。

图 6-220

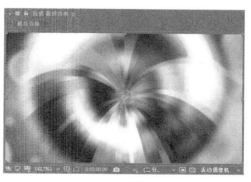
图 6-221

（11）在"时间轴"面板中，设置"放射光芒"图层的混合模式为"相乘"，如图 6-222 所示。放射光芒效果制作完成，如图 6-223 所示。

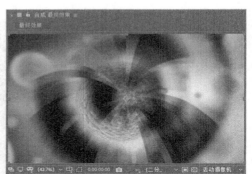

图 6-222   图 6-223

6.5.2　凸出

凸出效果可以模拟图像透过气泡或放大镜时产生的放大效果，其参数设置如图 6-224 所示。

水平半径：用于设置膨胀镜效果的水平半径。

垂直平径：用于设置膨胀效果的垂直半径。

凸出中心：用于设置膨胀效果的中心定位点。

凸出高度：设置膨胀程度。正值为膨胀，负值为收缩。

锥形半径：用来设置膨胀边界的锐利程度。

消除锯齿（仅最佳品质）：反锯齿设置，只用于最高质量。

固定所有边缘：选中该复选框，可以固定住所有边界。

凸出效果演示如图 6-225 ~ 图 6-227 所示。

图 6-224

图 6-225   图 6-226   图 6-227

6.5.3　边角定位

边角定位效果通过改变 4 个角的位置来使图像变形，可根据需要来定位角点。可以拉伸、收缩、倾斜和扭曲图形，也可以用来模拟透视效果，还可以和运动遮罩层相结合，形成画中画的效果。边角定位效果的参数设置如图 6-228 所示。

左上：设置左上定位点。

右上：设置右上定位点。

左下：设置左下定位点。

右下：设置右下定位点。

边角定位效果演示如图 6-229 所示。

图 6-228

图 6-229

6.5.4　网格变形

网格变形效果使用网格化的曲线切片控制图像的变形区域。对于网格变形效果的控制，确定好网格数量之后，更多的是通过在合成图像中拖曳网格的节点来完成。网格变形效果的参考设置如图 6-230 所示。

行数：用于设置行数。

列数：用于设置列数。

品质：用于设置图像遵循曲线定义的形状近似程度。

扭曲网格：用于制作扭曲动画。

网格变形效果演示如图 6-231 ~ 图 6-233 所示。

图 6-230

图 6-231

图 6-232

图 6-233

6.5.5　极坐标

极坐标效果用来将图像的直角坐标转化为极坐标，以产生扭曲效果，如图 6-234 所示。

插值：设置扭曲程度。

变换类型：设置转换类型。极线到矩形表示将极坐标转化为直角坐标，矩形到极线表示将直角坐标转化为极坐标。

图 6-234

极坐标效果演示如图 6-235～图 6-237 所示。

  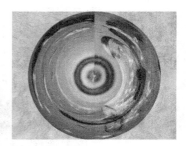

图 6-235   图 6-236   图 6-237

6.5.6 置换图

置换图效果是用另一张作为映射层的图像的像素来置换原图像像素，通过映射的像素颜色值对本图层变形，变形分水平和垂直两个方向，如图 6-238 所示。

置换图层：选择作为映射层的图像。

用于水平置换\用于垂直置换：调节水平或垂直方向的通道，默认值范围为−100～100。最大范围为−32 000～32 000。

最大水平置换\最大垂直置换：调节映射层的水平或垂直位置，在水平方向上，负值表示向左移动，正值表示向右移动，在垂直方向上，负值表示向下移动，正值表示向上移动，默认数值为−100～100，最大范围为−32 000～3 200。

图 6-238

置换图特性：选择映射方式。

边缘特性：设置边缘行为。

像素回绕：锁定边缘像素。

扩展输出：为使此效果的结果伸展到原图像边缘外。

置换图效果演示如图 6-239～图 6-241 所示。

  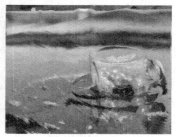

图 6-239   图 6-240   图 6-241

6.6   杂波和颗粒

杂波和颗粒效果可以为素材设置噪波或颗粒效果，使素材分散或使素材的形状发生变化。

6.6.1 课堂案例——降噪

 案例学习目标

学习使用杂波和颗粒效果制作降噪。

 案例知识要点

使用"移除颗粒"命令、"色阶"命令修饰照片；使用"曲线"命令调整图片曲线。降噪效果如图 6-242 所示。

扫码观看 本案例视频　　扫码查看 扩展案例

图 6-242

 效果所在位置

云盘\Ch06\降噪\降噪.aep。

（1）按 Ctrl+N 组合键，弹出"合成设置"对话框，在"合成设置"文本框中输入"最终效果"，其他选项的设置如图 6-243 所示，单击"确定"按钮，创建一个新的合成"最终效果"。

（2）选择"文件 > 导入 > 文件"命令，在弹出的"导入文件"对话框中，选择云盘中的"Ch06\降噪\（Footage）\01.jpg"文件，单击"导入"按钮，将素材导入"项目"面板中，并将其拖曳到"时间轴"面板中，如图 6-244 所示。

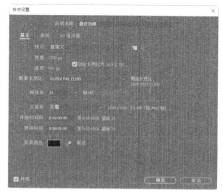

图 6-243

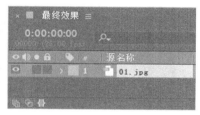

图 6-244

（3）选中"01.jpg"图层，选择"效果 > 杂波和颗粒 > 移除颗粒"命令，在"效果控件"面板中设置参数，如图 6-245 所示。"合成"面板中的效果如图 6-246 所示。

图 6-245   图 6-246

（4）在"效果控件"面板中的"查看模式"下拉列表中选择"最终输出"选项，如图 6-247 所示。"合成"面板中的效果如图 6-248 所示。

图 6-247   图 6-248

（5）选择"效果 ＞ 颜色校正 ＞ 色阶"命令，在"效果控件"面板中设置参数，如图 6-249 所示。"合成"面板中的效果如图 6-250 所示。

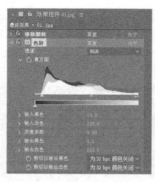

图 6-249   图 6-250

（6）选择"效果 ＞ 颜色校正 ＞ 曲线"命令，在"效果控件"面板中调整曲线，如图 6-251 所示。降噪效果制作完成，如图 6-252 所示。

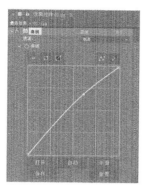

图 6-251   图 6-252

6.6.2　分形杂色

分形杂色效果可以模拟烟、云、水流等纹理图案，其参数设置
如图 6-253 所示。

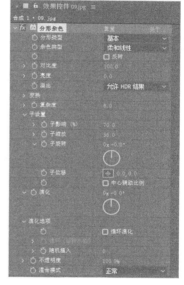

分形类型：选择分形类型。

杂色类型：选择杂色的类型。

反转：反转图像的颜色，将黑色和白色反转。

对比度：调节生成杂色图案的对比度。

亮度：调节生成杂色图案的亮度。

溢出：选择杂色图案的比例、旋转和偏移等。

复杂度：设置杂色图案的复杂程度。

子设置：杂色的子分形变化的相关设置（如子分形影响力、子
分形缩放等）。

演化：控制杂色的分形变化相位。

演化选项：控制分形变化的一些设置（循环、随机种子等）。

不透明度：设置生成的杂色图案的不透明度。

混合模式：设置生成的杂色图案与原素材图像的叠加模式。

分形杂色效果演示如图 6-254 ~ 图 6-256 所示。

图 6-253

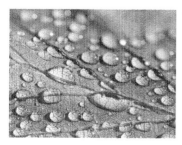

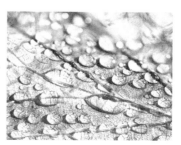

图 6-254   图 6-255   图 6-256

6.6.3 中间值（旧版）

中间值效果使用指定半径范围内的像素的平均值来取代像素值。指定较低值时，该效果可以用来减少画面中的杂点；取高值时，会产生一种绘画效果。中间值效果的参数设置如图 6-257 所示。

半径：指定像素半径。

在 Alpha 通道上运算：选中该复选框，可以在 Alpha 通道上运算中间值。

中间值效果演示如图 6-258 ~ 图 6-260 所示。

图 6-257

图 6-258

图 6-259

图 6-260

6.6.4 移除颗粒

移除颗粒效果可以移除杂点或颗粒，其参数设置如图 6-261 所示。

查看模式：设置查看的模式，可以选择预览、杂波取样、混合蒙版、最终输出。

预览区域：设置预览区域的大小、位置等。

杂色深度减低设置：对杂点或噪波进行设置。

微调：对材质、尺寸、色泽等进行精细的设置。

临时过滤：是否开启临时过滤。

钝化蒙版：设置反锐化遮罩。

采样：设置各种采样情况、采样点等参数。

与原始图像混合：混合原始图像。

移除颗粒特效演示如图 6-262 ~ 图 6-264 所示。

图 6-261

图 6-262

图 6-263

图 6-264

6.7　模拟

模拟组效果包括卡片动画、焦散、泡沫、碎片和粒子运动场效果，这些效果功能强大，可以用来设置多种逼真的效果，不过其参数较多，设置也比较复杂。

6.7.1　课堂案例——汽泡效果

 案例学习目标

学习使用粒子空间效果制作汽泡。

 案例知识要点

使用"泡沫"命令，制作汽泡并编辑属性。汽泡效果如图 6-265 所示。

图 6-265

扫码观看
本案例视频

扫码查看
扩展案例

 效果所在位置

云盘\Ch06\汽泡效果\汽泡效果.aep。

（1）按 Ctrl+N 组合键，弹出"合成设置"对话框，在"合成名称"文本框中输入"最终效果"，其他选项的设置如图 6-266 所示，单击"确定"按钮，创建一个新的合成"最终效果"。

（2）选择"文件 > 导入 > 文件"命令，在弹出的"导入文件"对话框中，选择云盘中的"Ch06 \ 气泡效果\（Footage）\ 01.jpg"文件，单击"导入"按钮，将背景图片导入"项目"面板中，并将其拖曳到"时间轴"面板中。选中"01.jpg"图层，按 Ctrl+D 组合键复制图层，如图 6-267 所示。

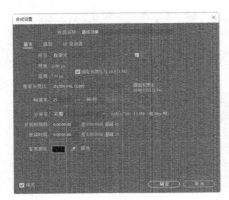

图 6-266

图 6-267

（3）选中"图层 1"，选择"效果 > 模拟 > 泡沫"命令，在"效果控件"面板中设置参数，如图 6-268 所示。

图 6-268

（4）将时间标签放置在 0s 的位置，在"效果控件"面板中，单击"强度"选项左侧的"关键帧自动记录器"按钮，如图 6-269 所示，记录第 1 个关键帧。将时间标签放置在 04:24s 的位置，在"效果控件"面板中，设置"强度"为 0.000，如图 6-270 所示，记录第 2 个关键帧。

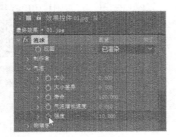
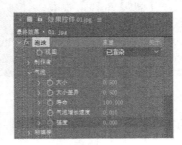

图 6-269

图 6-270

（5）气泡制作完成，如图 6-271 所示。

图 6-271

6.7.2　泡沫

泡沫效果参数设置如图 6-272 所示。

视图：在该下拉列表中，可以选择气泡效果的显示方式。"草稿"方式以草图模式渲染气泡效果，虽然不能在该方式下看到气泡的最终效果，但是可以预览气泡的运动方式和设置状态，该方式的计算速度非常快。为特效指定影响通道后，使用"草稿+流动映射"方式可以看到指定的影响对象。在"已渲染"方式下可以预览气泡的最终效果，但是计算速度相对较慢。

制作者：用于设置对气泡的粒子发射器相关参数，如图 6-273 所示。

图 6-272

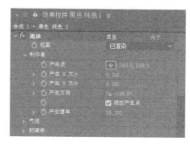
图 6-273

- 产生点：用于控制发射器的位置。所有的气泡粒子都由发射器产生，就好像在水枪中喷出气泡一样。
- 产生 X/Y 大小：分别控制发射器的大小。在"草稿"或者"草稿+流动映射"状态下预览效果时，可以观察发射器。
- 产生方向：用于旋转发射器，使气泡产生旋转效果。
- 缩放产生点：可缩放发射器的位置。如不选择此复选框，则系统默认以发射效果点为中心缩放发射器的位置。
- 产生速率：用于控制发射速度。一般情况下，数值越高，发射速度越快，单位时间内产生的气泡粒子也越多。当数值为 0 时，不发射粒子。系统发射粒子时，在特效的开始位置，粒子数目为 0。

气泡：可对气泡粒子的尺寸、生命值以及强度进行控制，如图 6-274 所示。

- 大小：用于控制气泡粒子的尺寸。数值越大，每个气泡粒子越大。
- 大小差异：用于控制粒子的大小差异。数值越高，每个粒子的大小差异越大。数值为 0 时，每个粒子的最终大小相同。
- 寿命：用于控制每个粒子的生命值。每个粒子在发射产生后，最终都会消失。生命值即粒子从产生到消亡的时间。
- 气泡增长速度：用于控制每个粒子生长的速度，即粒子从产生到最终大小的时间。
- 强度：用于控制粒子效果的强度。

物理学：该参数影响粒子运动因素，如初始速度、风速、混乱度及活力等，如图 6-275 所示。

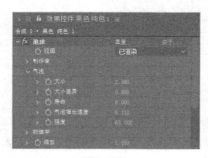

图 6-274　　　　　　　　　　　图 6-275

- 初始速度：控制粒子特效的初始速度。
- 初始方向：控制粒子特效的初始方向。
- 风速：控制影响粒子的风速，就好像一股风吹动粒子一样。
- 风向：控制风的方向。
- 湍流：控制粒子的混乱度。该数值越大，粒子运动越混乱，同时向四面八方发散；数值较小，则粒子运动较为有序和集中。
- 摇摆量：控制粒子的摇摆强度。该值较大时，粒子会产生摇摆变形。
- 排斥力：用于在粒子间产生排斥力。数值越高，粒子间的排斥性越强。
- 弹跳速度：控制粒子的总速率。
- 粘度：控制粒子的粘度。数值越小，粒子堆砌得越紧密。
- 粘性：控制粒子间的粘着程度。

缩放：对粒子效果进行缩放。

综合大小：该参数控制粒子效果的综合尺寸。在"草稿或者草稿+流动映射"状态下预览效果时，可以观察综合尺寸范围框。

正在渲染：该参数栏控制粒子的渲染属性，如"混合模式"下的粒子纹理及反射效果等。该参数栏的设置效果仅在渲染模式下才能看到。渲染效果参数设置如图 6-276 所示。

- 混合模式：用于控制粒子间的融合模式。在"透明"方式下，粒子与粒子间进行透明叠加。
- 气泡纹理：可在该下拉列表中选择气泡粒子的材质。
- 气泡纹理分层：用于指定用作气泡图像的图层。
- 气泡方向：在该下拉列表中选择气泡的方向。可以使用默认的坐标，也可以使用物理参数控制方向，还可以根据气泡速率进行控制。

● 环境映射：所有的气泡粒子都可以对周围的环境进行反射。可以在该下拉列表中指定气泡粒子的反射层。

● 反射强度：控制反射的强度。

● 反射融合：控制反射的融合度。

流动映射：在该参数栏中指定一个图层来影响粒子效果。在"流动映射"下拉列表中，可以选择对粒子效果产生影响的目标图层。选择目标图层后，在"草稿+流动映射"模式下，可以看到流动映射，如图 6-277 所示。

图 6-276

图 6-277

● 流动映射黑白对比：用于控制参考图对粒子的影响。

● 流动映射匹配：在该下拉列表中选择参考图的大小。可以使用合成图像屏幕大小和粒子效果的总体范围大小。

● 模拟品质：在该下拉列表中，选择气泡粒子的仿真质量。

气泡效果演示如图 6-278～图 6-280 所示。

图 6-278

图 6-279

图 6-280

6.8 风格化

风格化效果可以模拟一些实际的绘画效果，或为画面提供某种风格化效果。

6.8.1　课堂案例——手绘效果

案例学习目标

学习使用浮雕、查找边缘效果制作手绘效果。

案例知识要点

使用"查找边缘"命令、"色阶"命令、"色相位/饱和度"命令、"笔触"命令制作手绘效果；使用"钢笔工具"绘制蒙版形状。手绘效果如图 6-281 所示。

图 6-281

扫码观看
本案例视频

扫码查看
扩展案例

效果所在位置

云盘\Ch06\手绘效果\手绘效果.aep。

（1）按 Ctrl+N 组合键，弹出"合成设置"对话框，在"合成名称"文本框中输入"最终效果"，其他选项的设置如图 6-282 所示，单击"确定"按钮，创建一个新的合成"最终效果"。

（2）选择"文件 > 导入 > 文件"命令，在弹出的"导入文件"对话框中，选择云盘中的"Ch06\手绘效果\（Footage）\01.jpg"文件，单击"导入"按钮，导入图片。在"项目"面板中选中"01.jpg"文件并将其拖曳到"时间轴"面板中，如图 6-283 所示。

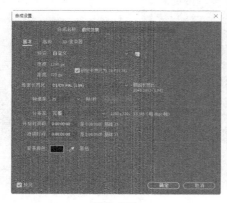

图 6-282

图 6-283

（3）选中"01.jpg"图层，按 Ctrl+D 组合键，复制图层，如图 6-284 所示。选择"图层 1"，按 T 键，展开"透明度"属性，设置"不透明度"为 70%，如图 6-285 所示。

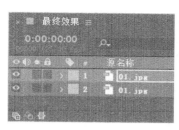
图 6-284

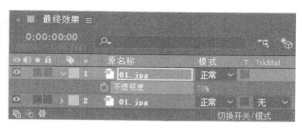
图 6-285

（4）选择"图层 2"，选择"效果 > 风格化 > 查找边缘"命令，在"效果控件"面板中设置参数，如图 6-286 所示。"合成"面板中的效果如图 6-287 所示。

图 6-286

图 6-287

（5）选择"效果 > 颜色校正 > 色阶"命令，在"效果控件"面板中设置参数，如图 6-288 所示。"合成"面板中的效果如图 6-289 所示。

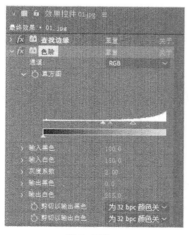
图 6-288

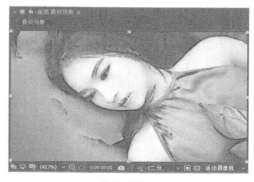
图 6-289

（6）选择"效果 > 颜色校正 > 色相/饱和度"命令，在"效果控件"面板中设置参数，如图 6-290 所示。"合成"面板中的效果如图 6-291 所示。

（7）选择"效果 > 风格化 > 画笔描边"命令，在"效果控件"面板中设置参数，如图 6-292 所示。"合成"面板中的效果如图 6-293 所示。

图 6-290

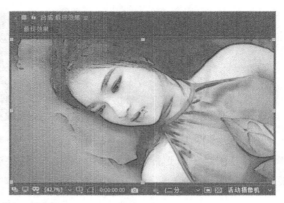

图 6-291

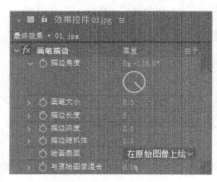

图 6-292

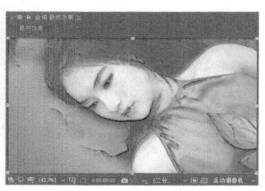

图 6-293

（8）在"项目"面板中选择"01.jpg"文件并将其拖曳到"时间轴"面板中的最顶部，如图 6-294 所示。选中"图层 1"，选择"钢笔工具" ，在"合成"面板中绘制一个蒙版形状，如图 6-295 所示。

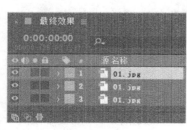

图 6-294

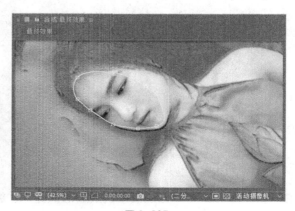

图 6-295

（9）选中"图层 1"，按 F 键，展开"蒙版羽化"属性，设置"蒙版羽化"参数为 30.0，30.0，如图 6-296 所示。手绘效果制作完成，如图 6-297 所示。

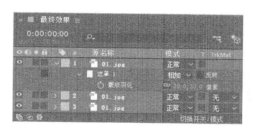

图 6-296

图 6-297

6.8.2　查找边缘

查找边缘效果通过强化过渡像素来产生彩色线条，其参数设置如图 6-298 所示。

反转：选中该复选框，将反向勾边结果。

与原始图像混合：设置与原始素材图像的混合比例。

查找边缘效果演示如图 6-299 ～ 图 6-301 所示。

图 6-298

图 6-299

图 6-300

图 6-301

6.8.3　发光

发光效果经常用于图像中的文字和带有 Alpha 通道的图像，制作发光或光晕效果，其参数设置如图 6-302 所示。

发光基于：控制发光效果基于哪一种通道方式。

发光阈值：设置发光的阈值，影响到发光的覆盖面。

发光半径：设置发光的发光半径。

发光强度：设置发光的发光强度，影响到发光的亮度。

合成原始项目：设置与原始素材图像的合成方式。

发光操作：发光的发光模式，类似图层模式的选择。

发光颜色：设置发光的颜色。

颜色循环：设置发光颜色的循环方式。

颜色循环：设置发光颜色循环的数值。

色彩相位：设置发光的颜色相位。

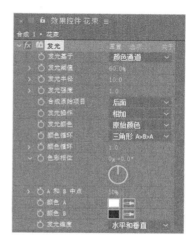

图 6-302

A 和 B 中点：设置发光颜色 A 和 B 的中点百分比。

颜色 A：选择颜色 A。

颜色 B：选择颜色 B。

发光维度：设置发光的方向，是水平的和垂直的，还是两者兼有的。

发光效果演示如图 6-303 ~ 图 6-305 所示。

图 6-303　　　　　　　　　　图 6-304　　　　　　　　　　图 6-305

6.9　课堂练习——保留颜色

🔗 练习知识要点

使用"曲线"命令、"保留颜色"命令、"色相/饱和度"命令调图片局部颜色效果；使用"横排文字工具"输入文字。保留颜色效果如图 6-306 所示。

扫码观看
本案例视频

图 6-306

◎ 效果所在位置

云盘\Ch06\保留颜色\保留颜色.aep。

6.10 课后习题——随机线条

 习题知识要点

使用"照片滤镜"命令和"自然饱和度"命令，调整视频的色调；使用"分形杂色"命令制作随机线条效果。随机线条效果如图 6-307 所示。

扫码观看
本案例视频

图 6-307

 效果所在位置

云盘\Ch06\随机线条\随机线条.aep。

07

第 7 章
跟踪与表达式

本章介绍 After Effects CC 2019 中的"跟踪与表达式"。重点讲解了跟踪运动中的单点跟踪和多点跟踪、表达式中的创建表达式和编辑表达式。通过本章内容的学习，读者可以制作影片自动生成的动画，完成最终的影片效果。

课堂学习目标

✔ 了解跟踪运动
✔ 了解表达式

7.1 跟踪运动

跟踪运动是对影片中产生运动的物体进行追踪。应用跟踪运动时，合成文件中应该至少有两个图层：一层为追踪目标层，一层是连接到追踪点的图层。导入影片素材后，在菜单栏中选择"动画 > 跟踪运动"命令增加跟踪运动，如图7-1所示。

图 7-1

7.1.1 课堂案例——跟踪机车男孩

 案例学习目标

学会使用单点跟踪命令。

案例知识要点

使用"跟踪器"命令，添加跟踪点；使用"空对象"命令，新建空图层；使用"照片滤镜"命令，调整视频的色调。跟踪机车男孩效果如图7-2所示。

图 7-2

扫码观看
本案例视频

扫码查看
扩展案例

⦿ 效果所在位置

云盘\Ch07\跟踪机车男孩\跟踪机车男孩. aep。

（1）按 Ctrl+N 组合键，弹出"合成设置"对话框，在"合成名称"文本框中输入"最终效果"，其他选项的设置如图 7-3 所示，单击"确定"按钮，创建一个新的合成"最终效果"。选择"文件 > 导入 > 文件"命令，在弹出的"导入文件"对话框中，选择云盘中的"Ch07\跟踪机车男孩\（Footage）\ 01.avi"文件，单击"导入"按钮，将视频文件导入"项目"面板中，如图 7-4 所示。

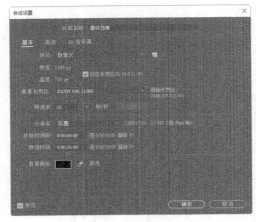

图 7-3　　　　　　　　　　　　　　　　　　图 7-4

（2）在"项目"面板中，选中"01.avi"文件并将其拖曳到"时间轴"面板中，按 S 键，展开"缩放"属性，设置"缩放"为 73.0，73.0%，如图 7-5 所示。"合成"面板中的效果如图 7-6 所示。

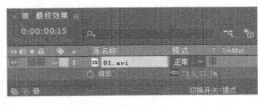

图 7-5　　　　　　　　　　　　　　　　　　图 7-6

（3）选中"01.avi"图层，选择"效果 > 颜色校正 > 照片滤镜"命令，在"效果控件"面板中设置参数，如图 7-7 所示。"合成"面板中的效果如图 7-8 所示。

（4）选择"图层 > 新建 > 空对象"命令，在"时间轴"面板中新增一个"空 1"图层，如图 7-9 所示。按 S 键，展开"缩放"属性，设置"缩放"为 67.0，67.0%，如图 7-10 所示。

图 7-7

图 7-8

图 7-9

图 7-10

（5）选择"窗口 > 跟踪器"命令，打开"跟踪器"面板，如图 7-11 所示。选中"01.avi"图层，在"跟踪器"面板中，单击"跟踪运动"按钮，面板处于激活状态，如图 7-12 所示。"合成"面板中的效果如图 7-13 所示。

图 7-11

图 7-12

图 7-13

（6）拖曳控制点到眼睛的位置，如图 7-14 所示。在"跟踪器"面板中单击"向前分析"按钮自动跟踪计算，如图 7-15 所示。

图 7-14   图 7-15

（7）在"跟踪器"面板中单击"应用"按钮，如图 7-16 所示，弹出"动态跟踪器应用选项"对话框，单击"确定"按钮，如图 7-17 所示。

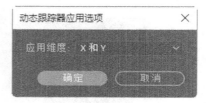

图 7-16   图 7-17

（8）选中"01.avi"图层，按 U 键，展开所有关键帧，可以看到刚才的控制点经过跟踪计算后产生的一系列关键帧，如图 7-18 所示。

图 7-18

（9）选中"空 1"图层，按 U 键，展开所有关键帧，同样可以看到跟踪产生的一系列关键帧，如图 7-19 所示。跟踪机车男孩效果制作完成。

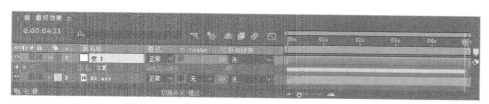

图 7-19

7.1.2 单点跟踪

在某些合成效果中，可能需要用某种效果跟踪另外一个物体运动，从而创建出想要的效果。例如，动态跟踪效果通过追踪鱼单独一个点的运动轨迹，使调节层与鱼的运动轨迹相同，完成合成效果，如图 7-20 所示。

选择"动画 > 跟踪运动"或"窗口 > 跟踪器"命令，打开"跟踪器"面板，在"图层"面板中显示当前图层。设置"跟踪类型"为"变换"，制作单点跟踪效果。在该面板中还可以设置"跟踪摄像机""变形稳定器""跟踪运动""稳定运动""运动源""当前跟踪""位置""旋转""缩放""编辑目标""选项""分析""重置"和"应用"等，与图层面板相结合，可以设置单点跟踪，如图 7-21 所示。

图 7-20

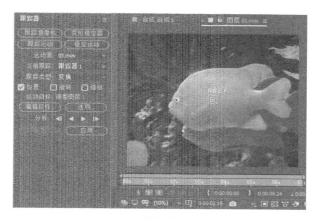

图 7-21

7.1.3 课堂案例——四点跟踪

案例学习目标

学会使用多点跟踪制作四点跟踪效果。

案例知识要点

使用"导入"命令，导入视频文件；使用"跟踪器"命令，添加跟踪点。四点跟踪效果如图 7-22 所示。

扫码观看　　　扫码查看
本案例视频　　　扩展案例

图 7-22

效果所在位置

云盘\Ch07\四点跟踪\四点跟踪.aep。

（1）按 Ctrl+N 组合键，弹出"合成设置"对话框，在"合成名称"文本框中输入"最终效果"，其他选项的设置如图 7-23 所示，单击"确定"按钮，创建一个新的合成"最终效果"。选择"文件 > 导入 > 文件"命令，弹出"导入文件"对话框，选择云盘中的"Ch07 \四点跟踪\（Footage）\01.mp4 和 02.mp4"文件，单击"导入"按钮，将文件导入"项目"面板，如图 7-24 所示。

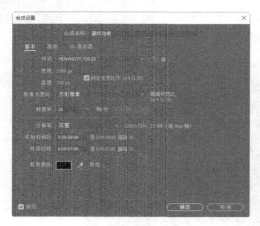

图 7-23　　　　　　　　　　　　　　　　　　　图 7-24

（2）在"项目"面板中选择"01.mp4"和"02.mp4"文件，并将它们拖曳到"时间轴"面板中，图层的排列顺序如图 7-25 所示。选中"01.mp4"图层，按 S 键，展开"缩放"属性，设置"缩放"为 67.0，67.0%，如图 7-26 所示。用相同的方法设置"02.mp4"图层。

图 7-25　　　　　　　　　　　　　　　　　　　图 7-26

（3）选择"窗口 > 跟踪器"命令，打开"跟踪器"面板，如图 7-27 所示。选中"01.mp4"图层，在"跟踪器"面板中单击"跟踪运动"按钮，面板处于激活状态，如图 7-28 所示。"合成"面板中的效果如图 7-29 所示。

图 7-27

图 7-28

图 7-29

（4）在"跟踪器"面板的"跟踪类型"下拉列表中选择"透视边角定位"选项，如图 7-30 所示。"合成"面板中的效果如图 7-31 所示。

图 7-30

图 7-31

（5）分别拖曳 4 个控制点到画面的四角，如图 7-32 所示。在"跟踪器"面板中单击"向前分析"按钮 ▶ 自动跟踪计算，如图 7-33 所示。单击"应用"按钮，如图 7-34 所示。

图 7-32

图 7-33

图 7-34

（6）选中"01.mp4"图层，按 U 键，展开所有关键帧，可以看到刚才的控制点经过跟踪计算后产生的一系列关键帧，如图 7-35 所示。

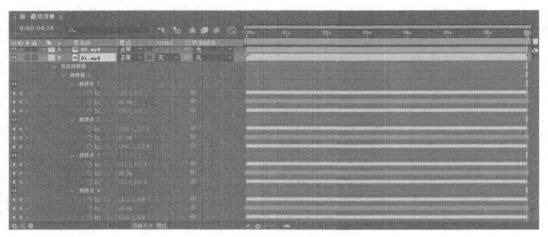

图 7-35

（7）选中"02.mp4"图层，按 U 键，展开所有关键帧，同样可以看到跟踪产生的一系列关键帧，如图 7-36 所示。

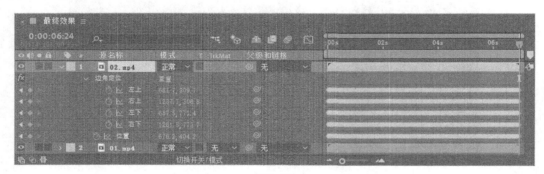

图 7-36

（8）四点跟踪效果制作完成，如图 7-37 所示。

图 7-37

7.1.4　多点跟踪

在某些影片的合成过程中，经常需要将动态影片中的某一部分图像设置成其他图像，并生成跟踪效果，制作出想要的结果。例如，将一段影片与另一指定的图像进行置换合成。动态跟踪效果通过追踪标牌上的 4 个点的运动轨迹，使指定置换的图像与标牌的运动轨迹相同，完成合成效果，合成前与合成后的效果分别如图 7-38 和图 7-39 所示。

图 7-38　　　　　　　　　　　　　　　　　图 7-39

多点跟踪效果的设置与单点跟踪效果的设置大部分相同，只是选择"跟踪类型"为"透视边角定位"，指定类型后，在"图层"视图中，会由原来的定义 1 个跟踪点，变成定义 4 个跟踪点的位置制作多点跟踪效果，如图 7-40 所示。

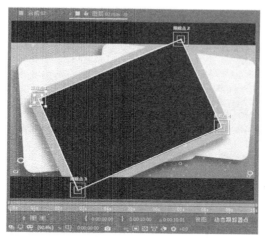

图 7-40

7.2　表达式

表达式可以创建层属性或创建一个属性关键帧到另一层或另一个属性关键帧的联系。当要创建一个复杂的动画，但又不愿意手工创建几十、几百个关键帧时，可以试着用表达式代替。在 After Effects 中想要给一个图层添加表达式，首先需要给该图层添加一个表达式控制滤镜特效，如图 7-41 所示。

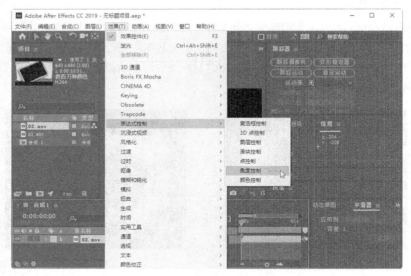

图 7-41

7.2.1　课堂案例——放大镜效果

案例学习目标

学会使用表达式制作放大镜效果。

案例知识要点

使用"导入"命令，导入图片；使用"向后平移（锚点）工具"，改变中心点位置效果；使用"球面化"命令，制作球面效果；使用"添加表达式"命令，制作放大效果。放大镜效果如图 7-42 所示。

图 7-42

扫码观看
本案例视频

扫码查看
扩展案例

效果所在位置

云盘\Ch07\放大镜效果\放大镜效果.aep。

（1）按 Ctrl+N 组合键，弹出"合成设置"对话框，在"合成名称"文本框中输入"最终效果"，其他选项的设置如图 7-43 所示，单击"确定"按钮，创建一个新的合成"最终效果"。

（2）选择"导入 > 文件 > 导入"命令，在弹出的"导入文件"对话框中，选择云盘中的"Ch07
\放大镜效果\（Footage）\"中的 01.png、02.jpg 文件，单击"导入"按钮，将图片导入"项目"
面板中，如图 7-44 所示。

（3）在"项目"面板中，选中"01.png"和"02.jpg"文件并将它们拖曳到"时间轴"面板中，
图层的排列如图 7-45 所示。

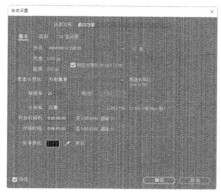

图 7-43

图 7-44

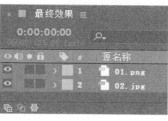

图 7-45

（4）选中"01.png"图层，选择"向后平移（锚点）工具" ，在"合成"面板中拖曳鼠标，
调整放大镜的中心点位置，如图 7-46 所示。

（5）将时间标签放置在 0s 的位置，按 P 键，展开"位置"属性，设置"位置"为 764.6、113.7，
单击"位置"选项左侧的"关键帧自动记录器"按钮，如图 7-47 所示，记录第 1 个关键帧。

图 7-46

图 7-47

（6）将时间标签放置在 2s 的位置，设置"位置"为 768.9、322.3，如图 7-48 所示，记录第 2
个关键帧。将时间标签放置在 4s 的位置，设置"位置"为 948.6、436.8，如图 7-49 所示，记录第 3
个关键帧。

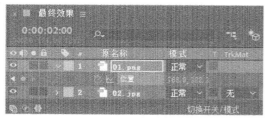

图 7-48

图 7-49

（7）将时间标签放置在 0s 的位置，选中"01.png"图层，按 R 键，展开"旋转"属性，单击"旋转"选项左侧的"关键帧自动记录器"按钮🕗，记录第 1 个关键帧，如图 7-50 所示。将时间标签放置在 2s 的位置，设置"旋转"为 0x+48.0°，记录第 2 个关键帧，如图 7-51 所示。

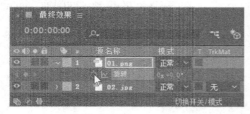
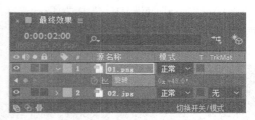

图 7-50　　　　　　　　　　　　　　　　图 7-51

（8）将时间标签放置在 4s 的位置，设置"旋转"为 0x-39.0°，如图 7-52 所示，记录第 3 个关键帧。"合成"面板中的效果如图 7-53 所示。

图 7-52　　　　　　　　　　　　　　　　图 7-53

（9）将时间标签放置在 0s 的位置，选中"02.jpg"图层，选择"效果 > 扭曲 > 球面化"命令，在"效果控件"面板中设置参数，如图 7-54 所示。"合成"面板中的效果如图 7-55 所示。

图 7-54　　　　　　　　　　　　　　　　图 7-55

（10）在"时间轴"面板中，展开"球面化"属性，选中"球面中心"选项，选择"动画 > 添加表达式"命令，为"球面中心"属性添加一个表达式。在"时间轴"面板右侧输入表达式代码：thisComp.layer("01.png").position，如图 7-56 所示。

（11）放大镜效果制作完成，效果如图 7-57 所示。

图 7-56

图 7-57

7.2.2　创建表达式

在"时间轴"面板中选择一个需要增加表达式的控制属性，在菜单栏中选择"动画 > 添加表达式"命令激活该属性，如图 7-58 所示。属性被激活后，可以在该属性条中直接输入表达式覆盖现有的文字，增加表达式的属性中会自动增加启用开关 ■ 、显示图表 ✓ 、表达式拾取 ◎ 和语言菜单 ▶ 等工具，如图 7-59 所示。

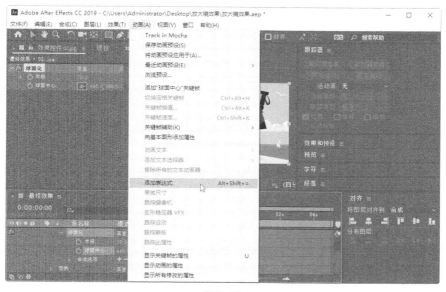

图 7-58

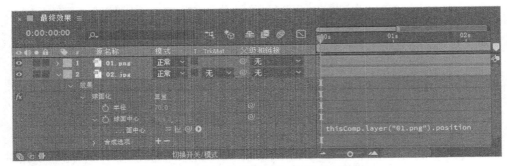

图 7-59

编写、增加表达式的工作都在"时间轴"面板中完成，当将一个层属性的表达式增加到"时间轴"面板时，一个默认的表达式就出现在该属性下方的表达式编辑区中，在这个表达式编辑区中可以输入新的表达式或修改表达式的值。许多表达式依赖于层属性名，如果改变一个表达式所在图层的属性名或图层名，则这个表达式可能产生一个错误的消息。

7.2.3　编写表达式

可以在"时间轴"面板中的表达式编辑区中直接编写表达式，或通过其他文本工具编写。在其他文本工具中编写表达式，只需将表达式复制粘贴到表达式编辑区中即可。在编写表达式时，可能需要一些 JavaScript 语法和数学基础知识。

编写表达式需要注意以下事项：JavaScript 语句区分大小写；一段或一行程序后需要加";"符号，使词间空格被忽略。

在 After Effects 中，可以用表达式语言访问属性值。访问属性值时，用"."符号将对象连接起来，例如，连接 Effect、masks、文字动画，可以用"()"符号；将图层 A 的 Opacity 连接到图层 B 的高斯模糊的 Blurriness 属性，可以在图层 A 的 Opacity 属性下面输入如下表达式。

thisComp.layer("layer B").effect("Gaussian Blur") ("Blurriness")

表达式的默认对象是表达式中对应的属性，接着是图层中内容的表达，因此，没有必要指定属性。例如，在图层的位置属性上编写摆动表达式可以用如下两种方法。

wiggle(5,10)

position.wiggle(5,10)

表达式中可以包括图层及其属性。例如，将图层 B 的 Opacity 属性与图层 A 的 Position 属性相连的表达式如下。

thisComp.layer(layerA).position[0].wiggle(5,10)

为属性添加表达式后，可以连续对属性进行编辑、增加关键帧。编辑或创建的关键帧的值将在表达式以外的地方使用。当表达式存在时，可以用下面的方法创建关键帧，表达式仍将保持有效。

编写好表达式后，可以将它存储，以便将来复制粘贴，还可以在记事本中编辑表达式。但是表达式是针对图层编写的，不允许简单地将表达式存储和装载到一个项目。要存储表达式以便用于其他项目，可能要加注解或存储整个项目文件。

7.3 课堂练习——跟踪老鹰飞行

🔗 练习知识要点

　　使用"导入"命令导入视频文件；使用"跟踪器"命令进行单点跟踪。跟踪老鹰飞行效果如图 7-60 所示。

扫码观看
本案例视频

图 7-60

◎ 效果所在位置

　　云盘\Ch07\跟踪老鹰飞行\跟踪老鹰飞行.aep。

7.4 课后习题—跟踪对象运动

🔗 习题知识要点

　　使用"跟踪器"命令编辑多个跟踪点，改变不同的位置。跟踪对象运动效果如图 7-61 所示。

扫码观看
本案例视频

图 7-61

◎ 效果所在位置

　　云盘\Ch07\跟踪对象运动\跟踪对象运动.aep。

08

第 8 章
抠像

本章介绍 After Effects 的抠像功能，包括颜色差值抠像、颜色抠像、颜色范围抠像、差值遮罩抠像、提取抠像、内外抠像、线性颜色抠像、亮度抠像、高级溢出压制器和外挂抠像等内容。通过本章的学习，读者可以自如地应用抠像功能进行实际创作。

课堂学习目标

- 抠像效果
- 外挂抠像

8.1 抠像效果

抠像滤镜指定一种颜色，然后抠出与其近似的像素，使其透明。此功能相对简单，对于拍摄质量好，背景比较简单的素材有不错的抠像效果，但是不适合处理复杂背景的抠像。

8.1.1 课堂案例——数码家电广告

 案例学习目标

学会使用颜色差值键命令制作抠像效果。

 案例知识要点

使用"颜色差值键"命令，修复图片效果；使用"位置"属性，设置图片的位置；使用"不透明度"属性，制作图片动画效果。数码家电广告效果如图 8-1 所示。

图 8-1

扫码观看
本案例视频

扫码查看
扩展案例

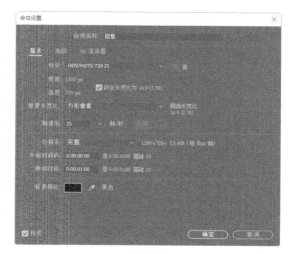

图 8-2

⊙ **效果所在位置**

云盘\Ch08\数码家电广告\数码家电广告.aep。

（1）按 Ctrl+N 组合键，弹出"合成设置"对话框，在"合成名称"文本框中输入"抠像"，其他选项的设置如图 8-2 所示，单击"确定"按钮，创建一个新的合成"抠像"。选择"文件 > 导入 > 文件"命令，弹出"导入文件"对话框，选择云盘中的"Ch08\数码家电广告\（Footage）\01.jpg、02.jpg"文件，如图 8-3 所示，单击"导入"按钮，导入图片。

（2）在"项目"面板中选中"02.jpg"文件并将其拖曳到"时间轴"面板中，如图 8-4 所示。"合成"面板中的效果如图 8-5 所示。

图 8-3

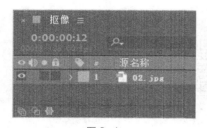

图 8-4

图 8-5

（3）选中"02.jpg"图层，选择"效果 > 抠像 > 颜色差值键"命令，选择"主色"选项右侧的吸管工具，如图 8-6 所示，吸取背景素材上的蓝色。"合成"面板中的效果如图 8-7 所示。

图 8-6

图 8-7

（4）在"效果控制"面板中设置参数，如图 8-8 所示。"合成"面板中的效果如图 8-9 所示。

图 8-8

图 8-9

（5）按 Ctrl+N 组合键，弹出"合成设置"对话框，在"合成名称"文本框中输入"最终效果"，其他选项的设置如图 8-10 所示，单击"确定"按钮，创建一个新的合成"最终效果"。在"项目"面板中选择"01.jpg"文件和"抠像"合成，并将它们拖曳到"时间轴"面板中，图层的排列如图 8-11 所示。

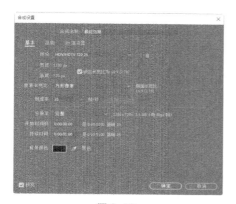

图 8-10

图 8-11

（6）选中"抠像"图层，按 P 键，展开"位置"属性，设置"位置"为 989、360，如图 8-12 所示。"合成"面板中的效果如图 8-13 所示。

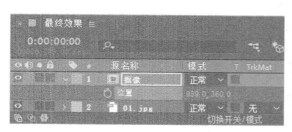

图 8-12

图 8-13

（7）将时间标签放置在 0s 的位置，按 T 键，展开"不透明度"属性，设置"不透明度"为 0%，单击"不透明度"选项左侧的"关键帧自动记录器"按钮，如图 8-14 所示，记录第 1 个关键帧。

（8）将时间标签放置在 0:02s 的位置，在"时间轴"面板中设置"不透明度"为 100%，如图 8-15 所示，记录第 2 个关键帧。

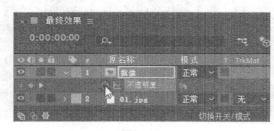

图 8-14

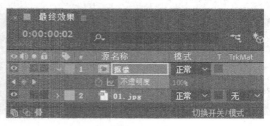

图 8-15

（9）将时间标签放置在 0:04s 的位置，在"时间轴"面板中设置"不透明度"为 0%，如图 8-16 所示，记录第 3 个关键帧。将时间标签放置在 0:06s 的位置，在"时间轴"面板中设置"不透明度"为 100%，如图 8-17 所示，记录第 4 个关键帧。数码家电广告效果制作完成。

图 8-16

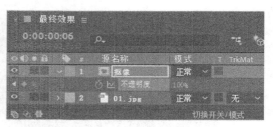

图 8-17

8.1.2　颜色差值键

颜色差值键把图像划分为两个蒙版透明效果。局部蒙版 B 使指定的抠像颜色变为透明，局部蒙版 A 使图像中不包含第二种不同颜色的区域变为透明。这两种蒙版效果联合起来就得到最终的第三种蒙版效果，即背景变为透明。

颜色差值键抠像预览区的左侧缩略图表示原始图像，右侧缩略图表示蒙版效果，"吸管工具" ![吸管] 用于在原始图像缩略图中拾取抠像颜色，"吸管工具" ![吸管] 用于在蒙版缩略图中拾取透明区域的颜色，"吸管工具" ![吸管] 用于在蒙版缩略图中拾取不透明区域的颜色，如图 8-18 所示。

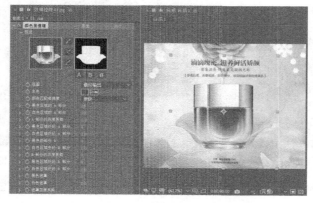

图 8-18

视图：指定合成视图中显示的合成效果。

主色：通过吸管工具拾取透明区域的颜色。

颜色匹配精准度：用于控制匹配颜色的精确度。屏幕不包含主色调会得到较好的效果。

蒙版控制：调整通道中的"黑色遮罩""白色遮罩"和"遮罩灰度系数"参数值，来修改图像蒙版的透明度。

8.1.3　颜色键

颜色键可抠出与指定的主色相似的图像像素。颜色键参数设置如图 8-19 所示。

图 8-19

主色：通过吸管工具拾取透明区域的颜色。

颜色容差：用于调节与抠像颜色匹配的颜色范围。该参数值越高，抠取的颜色范围就越大；该参数值越低，抠取的颜色范围就越小。

薄化边缘：减少所选区域边缘的像素值。

羽化边缘：设置抠像区域的边缘以产生柔和羽化效果。

8.1.4　颜色范围

颜色范围可以去除 Lab、YUV 和 RGB 模式中指定的颜色范围来创建透明效果。用户可以对多种颜色组成的背景屏幕图像，如不均匀光照并且包含同种颜色阴影的蓝色或绿色屏幕图像应用该滤镜特效，如图 8-20 所示。

图 8-20

模糊：设置选区边缘的模糊量。

色彩空间：设置颜色之间的距离，有 Lab、YUV、RGB 3 种选项，每种选项对颜色的不同变化有不同的反映。

最大值/最小值：对图层的透明区域进行微调。

8.1.5　差值遮罩

差值遮罩可以对比源层和对比层的颜色值，将源层中与对比层颜色相同的像素删除，从而创建透明效果。该效果的典型应用是将一个复杂背景中的移动物体合成到其他场景中，通常情况下，对比层采用源层的背景图像。该效果的参数设置如图 8-21 所示。

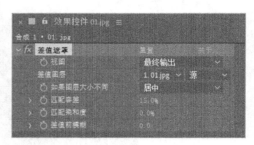

图 8-21

差值图层：设置将哪一层作为对比层。

如果图层大小不同：设置对比层与源图像层的大小匹配方式，有居中和拉伸进行适配两种方式。

差值前模糊：细微模糊两个控制层中的颜色噪点。

8.1.6　提取

提取通过图像的亮度范围来创建透明效果。图像中所有与指定的亮度范围相近的像素都将删除，对于具有黑色或白色背景的图像，或者包含多种颜色的黑暗或明亮的背景图像最适合创建透明，提取还可以用来删除影片中的阴影，如图 8-22 所示。

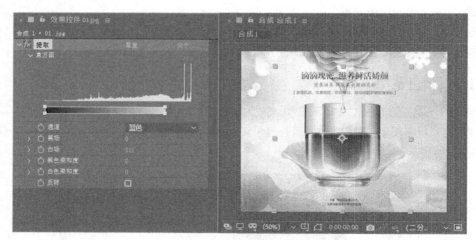

图 8-22

8.1.7　内部/外部键

内部/外部键通过图层的遮罩路径来确定要隔离的物体边缘，从而把前景物体从它的背景中隔离出来。利用该效果可以将具有不规则边缘的物体从它的背景中分离出来，这里使用的遮罩路径可以十分粗略，不一定正好在物体的边缘，如图 8-23 所示。

图 8-23

8.1.8　线性颜色键

　　线性颜色键既可以用来抠像，又可以用来保护不应删除的颜色区域，避免误删除，其参数设置如图 8-24 所示。如果在图像中抠出的物体包含被抠像颜色，则对其进行抠像时，这些区域可能也会变成透明区域，这时对图像施加该效果，然后在"效果控件"面板中选择"主要操作"为"保持颜色"，找回不该删除的部分。

图 8-24

8.1.9　亮度键

　　亮度键是根据图层的亮度对图像进行抠像处理，可以将图像中具有指定亮度的所有像素都删除，从而创建透明效果，而图层质量设置不会影响滤镜效果。其参数设置如图 8-25 所示。

　　键控类型：包括抠出较亮的区域、抠出较暗的区域、抠出亮度相似的区域和抠出亮度不同的区域等抠像类型。

　　阈值：设置抠像的亮度极限数值。

　　容差：指定接近抠像极限数值的像素范围，数值的大小可以直接影响抠像区域。

图 8-25

8.1.10 高级溢出抑制器

高级溢出抑制器可以去除键控后图像残留的键控色的痕迹，消除图像边缘溢出的键控色，这些溢出的键控色常常是背景的反射造成的，如图 8-26 所示。

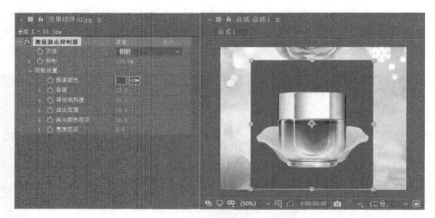

图 8-26

8.2 外挂抠像

根据设计制作任务的需要，可以将外挂抠像插件安装在计算机中。安装后，可以使用功能强大的外挂抠像插件。例如，Keylight（1.2）插件是为专业的高端电影开发的抠像软件，用于精细地去除影像中任何一种指定的颜色。

8.2.1 课堂案例——复杂抠像

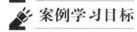

案例学习目标

学习使用外挂抠像命令制作复杂抠像效果。

案例知识要点

使用"缩放"属性改变图片大小；使用"Keylight"命令修复图片效果。复杂抠像效果如图 8-27 所示。

扫码观看
本案例视频

扫码查看
扩展案例

图 8-27

效果所在位置

云盘\Ch08\复杂抠像\复杂抠像. aep。

（1）按 Ctrl+N 组合键，弹出"合成设置"对话框，在"合成名称"文本框中输入"抠像"，其他选项的设置如图 8-28 所示，单击"确定"按钮，创建一个新的合成"抠像"。

（2）选择"文件 > 导入 > 文件"命令，在弹出的"导入文件"对话框中，选择云盘中"Ch08\复杂抠像 \（Footage）\ 01.jpg ~ 03.jpg"文件，单击"导入"按钮，将图片导入"项目"面板中，如图 8-29 所示。

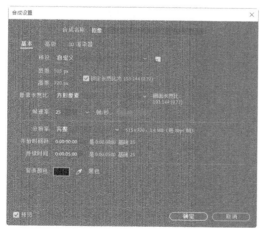

图 8-28

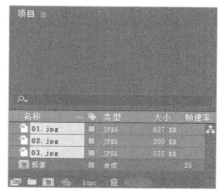

图 8-29

（3）在"项目"面板中，选中"02.jpg"文件并将其拖曳到"时间轴"面板中，如图 8-30 所示。"合成"面板中的效果如图 8-31 所示。

（4）选择"效果 > Keylight > Keylight(1.2)"命令，在"效果控件"面板中单击"Screen Colour"选项右侧的吸管工具，如图 8-32 所示，在"合成"面板中的蓝色背景上单击鼠标吸取颜色，效果如图 8-33 所示。

图 8-30　　　　　　　　　　　　　　　图 8-31

图 8-32　　　　　　　　　　　　　　　图 8-33

（5）按 Ctrl+N 组合键，弹出"合成设置"对话框，在"合成名称"文本框中输入"最终效果"，其他选项的设置如图 8-34 所示，单击"确定"按钮，创建一个新的合成"最终效果"。在"项目"面板中，选中"01.jpg"文件和"抠像"合成并将其拖曳到"时间轴"面板中，图层的排列顺序如图 8-35 所示。

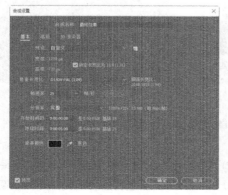

图 8-34　　　　　　　　　　　　　　　图 8-35

（6）选中"抠像"图层，按 P 键，展开"位置"属性，设置"位置"为 655.0、362.0，如图 8-36 所示。"合成"面板中的效果如图 8-37 所示。

图 8-36

图 8-37

（7）在"项目"面板中，选中"03.jpg"文件并将其拖曳到"时间轴"面板中，按 S 键，展开"缩放"属性，设置"缩放"为 29.0、29.0%；在按住 Shift 键的同时，按 P 键，展开"位置"属性，设置"位置"为 647.3、436.2，如图 8-38 所示。复杂抠像效果制作完成，如图 8-39 所示。

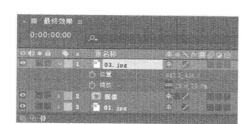

图 8-38

图 8-39

8.2.2　Keylight（1.2）

"抠像"一词是从早期电视制作中得来的，英文称作"Keylight"，意思就是吸取画面中的某一种颜色作为透明色，将它从画面中删除，从而使背景透出来，形成两层画面的叠加合成。这样在室内拍摄的人物经抠像后与各景物叠加在一起，形成了各种奇特效果，如图 8-40 所示。

图 8-40

After Effects 中，实现键出的滤镜都放置在"键控"分类中，根据其原理和用途，又可以分为 3

类：二元键出、线性键出和高级键出。

二元键出：诸如"颜色键"和"亮度键"等。这是一种比较简单的键出抠像，只能产生透明与不透明效果，对于半透明效果的抠像就力不从心了，适合前期拍摄较好的高质量视频，画面边缘明确，背景平整且颜色无太大变化。

线性键出：诸如"线性颜色键""差值遮罩"和"提取"等。这类键出抠像可以将键出色与画面颜色进行比较，当两者不完全相同时，自动抠去键出色；当键出色与画面颜色不完全符合，将产生半透明效果，但是此类滤镜产生的半透明效果是线性分布的，虽然适合大部分抠像要求，但对于烟雾、玻璃之类更为细腻的半透明抠像仍有局限，需要借助更高级的抠像滤镜。

高级键出：诸如"颜色差值键"和"颜色范围"等。此类键出滤镜适合复杂的抠像操作，对于透明、半透明的物体抠像十分适合，并且即使实际拍摄时，背景不够平整，蓝屏或者绿屏亮度分布不均匀，带有阴影等情况都能得到不错的键出抠像效果。

8.3　课堂练习——洗衣机广告

🔗 练习知识要点

使用"颜色键"命令，去除图片背景；使用"投影"命令，为图片添加投影；使用"位置"属性，改变图片位置。洗衣机广告效果如图 8-41 所示。

扫码观看
本案例视频

图 8-41

📍 效果所在位置

云盘\Ch08\洗衣机广告\洗衣机广告.aep。

8.4　课后习题——运动鞋广告

🔗 习题知识要点

使用"Keylight"命令修复图片效果；使用"缩放"属性和"不透明度"属性制作运动鞋动画。运动鞋广告效果如图 8-42 所示。

图 8-42

 效果所在位置

云盘\Ch08\运动鞋广告\运动鞋广告.aep。

09

第 9 章
添加声音效果

本章介绍声音的导入和声音面板。其中包括声音的导入与监听、声音长度的缩放、声音的淡入淡出、声音的倒放、低音和高音、声音的延迟、变调与合声等内容。读者通过本章的学习，可以掌握如何使用 After Effects 制作声音效果。

课堂学习目标

✔ 将声音导入影片
✔ 为声音添加效果

9.1 将声音导入影片

声音是影片的引导者，没有声音的影片无论多么精彩，都不会使观众陶醉。下面介绍把声音导入影片中及设置动态音量的方法。

9.1.1 课堂案例——为冲浪添加背景音乐

案例学习目标

学会为影片添加声音并编辑声音属性。

案例知识要点

使用"导入"命令导入声音、视频文件；使用"音频电平"选项制作背景音乐效果。为冲浪添加背景音乐效果如图 9-1 所示。

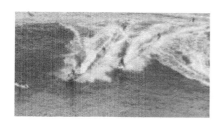

图 9-1

扫码观看
本案例视频

扫码查看
扩展案例

效果所在位置

云盘\Ch09\为冲浪添加背景音乐\为冲浪添加背景音乐.aep。

（1）按 Ctrl+N 组合键，弹出"合成设置"对话框，在"合成名称"文本框中输入"最终效果"，其他选项的设置如图 9-2 所示，单击"确定"按钮，创建一个新的合成"最终效果"，"项目"面板如图 9-3 所示。

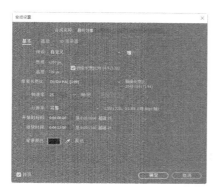

图 9-2

图 9-3

（2）选择"文件 > 导入 > 文件"命令，弹出"导入文件"对话框，选择云盘中的"Ch09\为冲浪添加背景音乐\（Footage）\01.avi、02.mp3 文件，如图 9-4 所示，单击"导入"按钮，导入视频和声音，并将其拖曳到"时间轴"面板中。图层的排列如图 9-5 所示。

图 9-4　　　　　　　　　　　　　　　图 9-5

（3）选中"01.avi"图层，按 S 键，展开"缩放"属性，设置"缩放"为 178.0，178.0%，如图 9-6 所示。"合成"面板中的效果如图 9-7 所示。

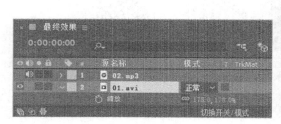

图 9-6　　　　　　　　　　　　　　　图 9-7

（4）选中"02.mp3"图层，展开"音频"属性，将时间标签放置在 10s 的位置，如图 9-8 所示。在"时间轴"面板中，单击"音频电平"选项左侧的"关键帧自动记录器"按钮，记录第 1 个关键帧，如图 9-9 所示。

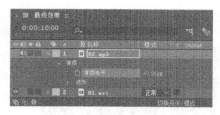
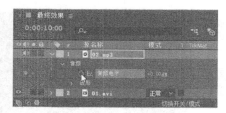

图 9-8　　　　　　　　　　　　　　　图 9-9

（5）将时间标签放置在 11:24s 的位置，如图 9-10 所示。在"时间轴"面板中，设置"音频电平"参数为-30，如图 9-11 所示，记录第 2 个关键帧。

（6）为冲浪添加背景音乐完成。

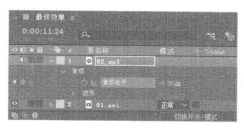

图 9-10   图 9-11

9.1.2　声音的导入与监听

启动 After Effects，选择"文件 > 导入 >文件"命令，在弹出的"导入文件"对话框中，选择云盘中的"基础素材\Ch09\01.mp4"文件，单击"导入"按钮导入文件。在"项目"面板中选中该素材，观察到预览窗口下方出了声波图形，如图 9-12 所示。这说明该视频素材携带着声道。从"项目"面板中将"01.mp4"文件拖曳到"时间轴"面板中。

选择"窗口 > 预览"命令，或按 Ctrl+3 组合键，在弹出的"预览"面板中确定 图标为弹起状态，如图 9-13 所示。在"时间轴"面板中同样确定 图标为弹起状态，如图 9-14 所示。

图 9-12   图 9-13   图 9-14

按数字键盘的 0 键即可监听影片的声音，在按住 Ctrl 键的同时，拖动时间标签，可以实时听到当前时间指针位置的音频。

选择"窗口 > 音频"命令，或按 Ctrl+4 组合键，弹出"音频"面板，在该面板中拖曳滑块可以调整声音素材的总音量或分别调整左右声道的音量，如图 9-15 所示。

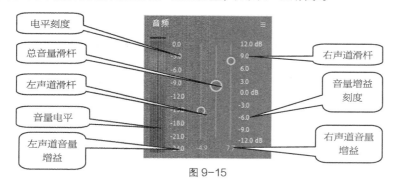

图 9-15

在"时间轴"面板中打开"波形"卷展栏,可以在其中显示声音的波形,调整"音频电平"右侧的两个参数可以分别调整左、右声道的音量,如图 9-16 所示。

图 9-16

9.1.3　声音长度的缩放

在"时间轴"面板底部单击 按钮,将控制区域完全显示出来。在"持续时间"栏可以设置声音的播放长度,在"伸缩"栏可以设置播放时长与原始素材时长的百分比,如图 9-17 所示。例如,将"伸缩"为 200.0% 后,声音的实际播放时长是原始素材时长的 2 倍。但通过这两个参数缩短或延长声音的播放长度后,声音的音调也同时升高或降低。

图 9-17

9.1.4　声音的淡入淡出

将时间标签拖曳到起始帧的位置,在"音频电平"左侧单击"关键帧自动记录器"按钮 ,添加关键帧。输入参数 -100.00;拖曳时间标签到 0:20s 的位置,输入参数 0.00,观察到在"时间轴"上增加了两个关键帧,如图 9-18 所示。此时按住 Ctrl 键不放拖曳时间标签,可以听到声音由小变大的淡入效果。

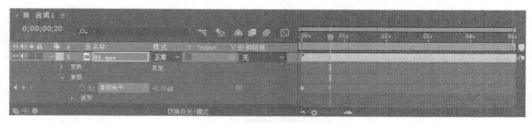

图 9-18

拖曳时间标签到 4:10s 的位置,输入"音频电平"参数为 0.10;拖曳时间标签到结束帧,输入"音频电平"参数为 -100.00。"时间轴"面板的状态如图 9-19 所示。按住 Ctrl 键不放,拖曳时间标签，可以听到声音的淡出效果。

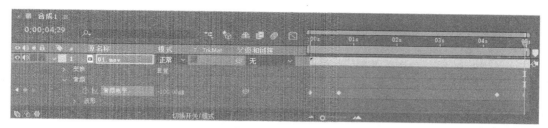

图 9-19

9.2 为声音添加效果

为声音添加效果就像为视频添加效果一样，只要在效果菜单中单击相应的命令来完成需要的操作就可以了。

9.2.1 课堂案例——为影片添加声音效果

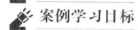 案例学习目标

学会使用声音效果。

 案例知识要点

使用"导入"命令导入声音、视频文件；使用"音频电平"选项制作背景音乐效果。为影片添加声音效果如图 9-20 所示。

图 9-20

扫码观看
本案例视频

扫码查看
扩展案例

效果所在位置

云盘\Ch09\为影片添加声音效果\为影片添加声音效果. aep。

（1）按 Ctrl+N 组合键，弹出"合成设置"对话框，在"合成名称"文本框中输入"最终效果"，其他选项的设置如图 9-21 所示，单击"确定"按钮，创建一个新的合成"最终效果"。

（2）选择"文件 > 导入 > 文件"命令，在弹出的"导入文件"对话框中，选择云盘中的"Ch09\为体育视频添加背景音乐\（Footage）\ 01.avi、02.wav"文件，单击"导入"按钮，导入视频和声

音文件，并将它们拖曳到"时间轴"面板中，图层的排列如图 9-22 所示。

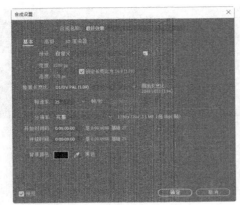

图 9-21

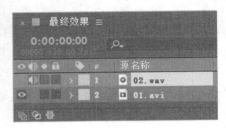

图 9-22

（3）选中"01.avi"图层，按 S 键，展开"缩放"属性，设置"缩放"为 73.0，73.0%，如图 9-23 所示。"合成"面板中的效果如图 9-24 所示。

图 9-23

图 9-24

（4）选中"02.wav"图层，展开"音频"属性，将时间标签放置在 6s 的位置，单击"音频电平"选项左侧的"关键帧自动记录器"按钮，记录第 1 个关键帧，如图 9-25 所示。将时间标签放置在 7s 的位置，设置"音频电平"参数为+10.00，如图 9-26 所示。

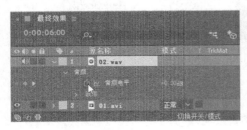

图 9-25

图 9-26

（5）选择"效果 > 音频 > 倒放"命令，在"效果控件"面板中设置参数，如图 9-27 所示。选择"效果 > 音频 > 高通/低通"命令，在"效果控件"面板中设置参数，如图 9-28 所示。为影片添加声音效果完成。

图 9-27

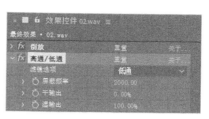

图 9-28

9.2.2　倒放

选择"效果 > 音频 > 倒放"命令，即可将倒放效果添加到"效果控件"面板中。该效果可以倒放音频素材，即从最后一帧向第一帧播放。勾选"互换声道"复选框可以交换左、右声道中的音频，如图 9-29 所示。

图 9-29

9.2.3　低音和高音

选择"效果 > 音频 > 低音和高音"命令，即可将低音和高音效果添加到"效果控件"面板中。拖曳"低音"或"高音"滑块可以增加或减少音频中低音和高音的音量，如图 9-30 所示。

图 9-30

9.2.4　延迟

选择"效果 > 音频 > 延迟"命令，即可将延迟效果添加到"效果控件"面板中。它可将声音素材进行多层延迟来模仿回声效果，例如，制作墙壁的回声或山谷中的回音。"延迟时间（毫秒）"用于设定原始声音与其回音的时间间隔，单位为 ms。"延迟量"用于设置延迟音频的音量。"反馈"用于设置由回音产生的后续回音的音量。"干输出"用于设置声音素材的电平。"湿输出"用于设置最终输出声波的电平，如图 9-31 所示。

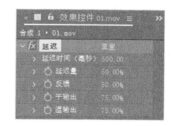

图 9-31

9.2.5　变调与合声

选择"效果 > 音频 > 变调与合声"命令，即可将变调与合声效果添加到"效果控件"面板中。"变调"效果的产生原理是将声音素材的一个拷贝稍作延迟后与原声音混合，从而造成某些频率的声波产生叠加或相减效果，这在声音物理学中被称作为"梳状滤波"，它会产生一种"干瘪"的声音效果，该效果在电吉他独奏中经常应用。混入多个延迟的拷贝声音后，会产生乐器的"合声"效果。

该效果的参数设置如图 9-32 所示。"语音分离时"用于设置延迟的拷贝声音的数量，增大此值将使卷边效果减弱而使合唱效果增强。"语音"用于设置拷贝声音的混合深度。"调制速率"用于设置拷贝声音相位的变化程度。"干输出/湿输出"用于设置最终输出中的原始（干）声音量和延迟（湿）声音量。

图 9-32

9.2.6 高通/低通

选择"效果 > 音频 > 高通/低通"命令，即可将该效果添加到"效果控件"面板中。该声音效果只允许设定的频率通过，通常用于滤去低频率或高频率的噪音，如电流声、咝咝声等。在"滤镜选项"栏中可以选择使用"高通"或"低通"方式。"屏蔽频率"用于设置滤波器的分界频率，选择"高通"方式滤波时，低于该频率的声音被滤除；选择"低通"方式滤波时，高于该频率的声音被滤除。当选择"低通"方式滤波时，则高于该频率的声音被滤除。"干输出/湿输出"用于设置最终输出中的原始（干）声音量和延迟（湿）声音量，如图 9-33 所示。

图 9-33

9.2.7 调制器

选择"效果 > 音频 > 调制器"命令，即可将调制器效果添加到"效果控件"面板中。该声音效果可以为声音素材加入颤音效果。该效果的参数设置如图 9-34 所示。"调制类型"用于选择颤音的波形，"调制速率"以 Hz 为单位设置颤音调制的频率。"调制深度"以调制频率的百分比为单位设置颤音频率的变化范围。"振幅变调"用于设置颤音的强弱。

图 9-34

9.3 课堂练习——为旅行影片添加背景音乐

练习知识要点

使用"导入"命令导入视频与音乐文件；使用"缩放"属性缩放视频的大小；使用"音频电平"选项制作背景音乐效果。为旅行影片添加背景音乐效果如图 9-35 所示。

扫码观看
本案例视频

图 9-35

效果所在位置

云盘\Ch09\为旅行影片添加背景音乐\为旅行影片添加背景音乐.aep。

9.4　课后习题——为青春短片添加背景音乐

 习题知识要点

使用"导入"命令，导入视频和音乐文件；使用"低音和高音"命令和"变调与和声"命令，编辑音乐文件。为青春短片添加背景音乐效果如图 9-36 所示。

扫码观看
本案例视频

图 9-36

效果所在位置

云盘\Ch09\为青春短片添加背景音乐\为青春短片添加背景音乐. aep。

10

第 10 章
制作三维合成效果

随着版本的升级，使用 After Effects CC 2019 不仅可以创建二维空间的合成效果，而且在三维立体空间中创建合成与动画的功能也越来越强大。在具有深度的三维空间中可以丰富图层的运动样式，创建更逼真的灯光、投射阴影、材质效果和摄像机运动效果。读者通过本章的学习，可以掌握制作三维合成效果的方法和技巧。

课堂学习目标

✔ 三维合成
✔ 应用灯光和摄像机

10.1　三维合成

After Effects CC 2019 可以在三维空间中显示图层，将图层指定为三维时，After Effects cc 2019 会添加一个 z 轴控制该图层的深度。z 轴值增加时，该图层在空间中移动到更远处；z 轴值减小时，则会更近。

10.1.1　课堂案例——特卖广告

 案例学习目标

学会使用三维合成制作特卖广告效果。

案例知识要点

使用"导入"命令，导入图片；使用"3D"属性，制作三维效果；使用"位置"选项，制作人物出场动画；使用"Y 轴旋转"属性和"缩放"属性，制作标牌出场动画。特卖广告效果如图 10-1 所示。

扫码观看
本案例视频

扫码查看
扩展案例

图 10-1

效果所在位置

云盘\Ch10\特卖广告\特卖广告.aep。

（1）按 Ctrl+N 组合键，弹出"合成设置"对话框，在"合成名称"文本框中输入"最终效果"，设置"背景颜色"为淡黄色（其 R、G、B 值分别为 255、237、46），其他选项的设置如图 10-2 所示，单击"确定"按钮，创建一个新的合成"最终效果"。

（2）选择"文件 > 导入 > 文件"命令，弹出"导入文件"对话框，选择云盘中的"Ch10 \特卖广告\（Footage）\01.png 和 02.png"文件，单击"导入"按钮，将文件导入"项目"面板，如图 10-3 所示。

（3）在"项目"面板中，选中"01.png"文件，并将其拖曳到"时间轴"面板中，如图 10-4 所示。按 P 键，展开"位置"属性，设置"位置"为-289.0、458.5，如图 10-5 所示。

（4）保持时间标签在 0s 的位置，单击"位置"选项左侧的"关键帧自动记录器"按钮，如图 10-6 所示，记录第 1 个关键帧。将时间标签放置在 1s 的位置，设置"位置"为 285.0、458.5，如图 10-7 所示，记录第 2 个关键帧。

图 10-2

图 10-3

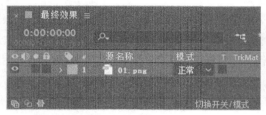

图 10-4

图 10-5

图 10-6

图 10-7

（5）在"项目"面板中，选中"02.png"文件，并将其拖曳到"时间轴"面板中，按 P 键，展开"位置"属性，设置"位置"为 957.0、363.0，如图 10-8 所示。"合成"面板中的效果如图 10-9 所示。

图 10-8

图 10-9

（6）单击"02.png"图层右侧的"3D 图层"按钮，打
开三维属性，如图 10-10 所示。单击"Y 轴旋转"选项左侧
的"关键帧自动记录器"按钮，如图 10-11 所示，记录第 1
个关键帧。将时间标签放置在 2s 的位置，设置"Y 轴旋转"
为 2x+0.0°，如图 10-12 所示，记录第 2 个关键帧。

（7）将时间标签放置在 0s 的位置，选中"02.png"图层，
按 S 键，展开"缩放"属性，设置"缩放"为 0.0, 0.0, 0.0%，
单击"缩放"选项左侧的"关键帧自动记录器"按钮，如图
10-13 所示，记录第 1 个关键帧。将时间标签放置在 1s 的位置，
设置"缩放"为 100.0, 100.0, 100.0%，如图 10-14 所示，记录第
2 个关键帧。

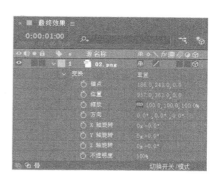

图 10-10

图 10-11

图 10-12

图 10-13

图 10-14

（8）将时间标签放置在 2s 的位置，在"时间轴"面板中，单击"缩放"选项左侧的"在当前时
间添加或移除关键帧"按钮，如图 10-15 所示，记录第 3 个关键帧。将时间标签放置在 4:24s 的
位置，设置"缩放"为 110.0, 110.0, 110.0%，如图 10-16 所示，记录第 4 个关键帧。

图 10-15

图 10-16

（9）特卖广告效果制作完成，如图 10-17 所示。

图 10-17

10.1.2 将二维图层转换成三维图层

除了声音以外，所有素材图层都有可以实现三维图层的功能。将一个普通的二维图层转化为三维图层也非常简单，只需要在图层右侧单击"3D 图层"按钮即可，展开图层属性会发现在变换属性中，无论是"锚点"属性、"位置"属性、"缩放"属性、"方向"属性，还是不同方向的"旋转"属性，都出现了 z 轴向参数信息，另外还添加了另一个"材质选项"属性，如图 10-18 所示。

调节"Y 轴旋转"为 45°。"合成"面板中的效果如图 10-19 所示。

图 10-18

图 10-19

如果要将三维图层重新变回二维图层，只需要在图层属性开关面板再次单击图层右侧的"3D 图层"按钮，关闭三维属性即可，三维图层中的 z 轴信息和"材质选项"属性信息将丢失。

提示

虽然很多效果可以模拟三维空间效果（如"效果 > 扭曲 > 凸出"），不过这些效果都是二维的，也就是说，虽然这些效果当前作用于三维图层，但是它们仍然只是模拟三维效果而不会对三维图层轴产生任何影响。

10.1.3 变换三维图层的位置属性

三维图层的"位置"属性由 x、y、z 3 个维度的参数控制，如图 10-20 所示。

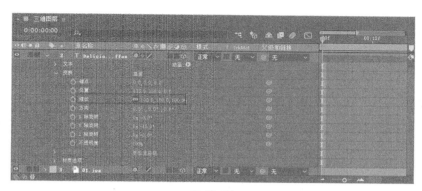

图 10-20

（1）打开 After Effects 软件，选择"文件 > 打开项目"命令，选择云盘中的"基础素材\Ch10\三维图层.aep"文件，单击"打开"按钮打开此文件。

（2）在"时间轴"面板中，选择某个三维图层、摄像机图层，或者灯光图层，被选择图层的坐标轴将会显示出来，其中红色坐标代表 x 轴向，绿色坐标代表 y 轴向，蓝色坐标代表 z 轴向。

（3）在"工具"面板，选择"选取工具"，在"合成"面板中，将鼠标指针停留在各个轴向上，观察鼠标指针的变化，当鼠标指针变成形状时，代表移动锁定在 x 轴向上；当鼠标指针变成形状时，代表移动锁定在 y 轴向上；当鼠标指针变成形状时，代表移动锁定在 z 轴向上。

提示

如果鼠标指针没有呈现任何坐标轴信息，则可以在空间中全方位地移动三维对象。

10.1.4 变换三维图层的旋转属性

1. 使用"方向"属性旋转

（1）选择"文件 > 打开项目"命令，选择云盘中的"Ch10\基础素材\三维图层.aep"文件，单击"打开"按钮打开此文件。

（2）在"时间轴"面板中，选择某三维图层、摄像机图层或者灯光图层。

（3）在"工具"面板中，选择"旋转工具"，在"组"选项右侧的下拉列表中选择"方向"选项，如图 10-21 所示。

图 10-21

（4）在"合成"面板中，将鼠标指针放置在某个坐标轴上，当鼠标指针出现 X 时，进行 x 轴向旋转；当鼠标指针出现 Y 时，进行 y 轴向旋转；当鼠标指针出现 Z 时，进行 z 轴向旋转；没有出现任何信息时，可以全方位旋转三维对象。

（5）在"时间轴"面板中，展开当前三维图层的"变换"属性，观察 3 组"旋转"属性值的变化，如图 10-22 所示。

图 10-22

2. 使用"旋转"属性旋转

（1）使用上面的素材，选择"编辑 > 撤销"命令，还原到项目文件的上次存储状态。

（2）在"工具"面板中，选择"旋转工具" ，在"组"选项的右侧下拉列表中选择"旋转"选项，如图 10-23 所示。

图 10-23

（3）在"合成"面板中，将鼠标指针放置在某坐标轴上，当鼠标指针出现 X 时，进行 x 轴向旋转；当鼠标指针出现 Y 时，进行 y 轴向旋转；当鼠标指针出现 Z 时，进行 z 轴向旋转；没有出现任何信息时，可以全方位旋转三维对象。

（4）在"时间轴"面板中，展开当前三维图层的"变换"属性，观察 3 组"旋转"属性值的变化，如图 10-24 所示。

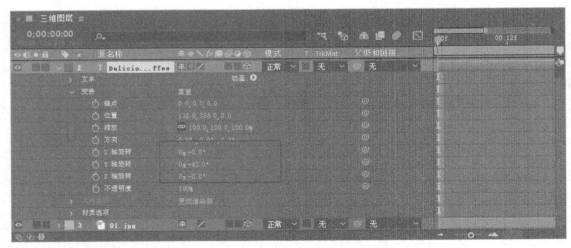

图 10-24

10.1.5　三维视图

虽然感知三维空间并不需要通过专门的训练，是任何人都具备的本能感应，但是在制作过程中，往往会由于各种原因（场景过于复杂等因素）导致视觉错觉，无法仅通过观察透视图正确判断当前三维对象的具体空间状态，因此往往需要借助更多的视图作为参照，如正面、左侧、顶部、活动摄像机等。从而得到准确的空间位置信息，选择正面、左侧、顶部、活动摄像机视图的显示效果分别如图 10-25～图 10-28 所示。

图 10-25

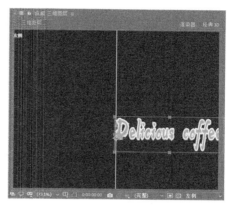

图 10-26

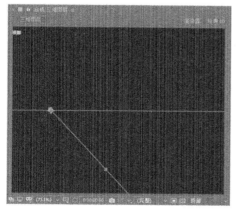

图 10-27

图 10-28

可以在"合成"面板中的 **活动摄像机** ▾（3D 视图）下拉列表中选择视图模块，视图模式大致分为 3 类：正交视图、摄像机视图和自定义视图。

1．正交视图

正交视图包括正面、左侧、顶部、背面、右侧和底部，其实就是以垂直正交的方式观看空间中的 6 个面，在正交视图中，长度和距离以原始数据的方式呈现，从而忽略了透视导致的视图大小变化，这也就意味着在正交视图观看立体物体时没有透视感，如图 10-29 所示。

2．摄像机视图

摄像机视图是从摄像机的角度，通过镜头去观看空间，与正交视图不同的是，这里描绘出的空间

上 After Effects 实例教程

和物体是带有透视变化的视觉空间，非常真实地再现近大远小、近长远短的透视关系，设置镜头的特殊属性，还能对此进行夸张设置等，如图 10-30 所示。

图 10-29

图 10-30

3．自定义视图

自定义视图是从几个默认的角度观看当前空间，可以通过"工具"面板中的摄像机视图工具调整视图角度，与摄像机视图一样，自定义视图同样是遵循透视的规律来呈现当前空间，不过自定义视图并不要求合成项目中必须有摄像机才能打开 3D 视图，当然也不具备通过镜头设置带来的景深、广角、长焦之类的观看空间方式，自定义视图可以理解为 3 个可自定义的标准透视视图。

图 10-31

活动摄像机 （3D 视图）下拉列表中的选项，如图 10-31 所示。

⊙ 活动摄像机：当前激活的摄像机视图，也就是在当前时间位置打开的摄像机图层的视图。

⊙ 正面：正视图，从正前方观看合成空间，不带透视效果。

⊙ 左侧：左视图，从正左方观看合成空间，不带透视效果。

⊙ 顶部：顶视图，从正上方观看合成空间，不带透视效果。

⊙ 背面：背视图，从后方观看合成空间，不带透视效果。

⊙ 右侧：右视图，从正右方观看合成空间，不带透视效果。

⊙ 底部：底视图，从正底部观看合成空间，不带透视效果。

⊙ 自定义视图 1~3：3 个自定义视图从 3 个默认的角度观看合成空间，含有透视效果，可以通过"工具"面板中的摄像机位置工具移动视角。

10.1.6 多视图方式观测三维空间

在进行三维创作时，虽然可以通过 3D 视图下拉列表方便地切换各个视图，但是仍然不利于各个视图的参照对比，而且来回频繁地切换视图也导致创作效率低下。不过庆幸的是，After Effects 提供了多种视图显示方式，可以同时从多个角度观看三维空间，在"合成"面板中的"选定视图方案"下拉列表中选择。

⊙ 1 视图：仅显示一个视图，如图 10-32 所示。

⊙ 2 视图-水平：同时显示两个视图，左右排列，如图 10-33 所示。

⊙ 2 视图-纵向：同时显示两个视图，上下排列，如图 10-34 所示。

图 10-32

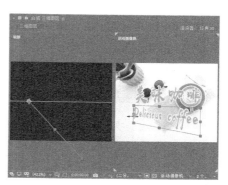

图 10-33

⊙ 4 视图：同时显示 4 个视图，如图 10-35 所示。

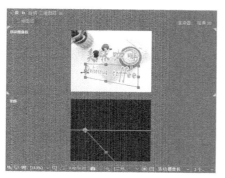

图 10-34

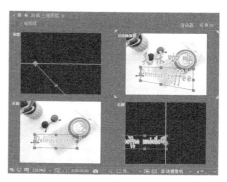

图 10-35

⊙ 4 视图-左侧：同时显示 4 个视图，其中主视图在右边，如图 10-36 所示。

⊙ 4 视图-右侧：同时显示 4 个视图，其中主视图在左边，如图 10-37 所示。

图 10-36

图 10-37

⊙ 4 视图-顶部：同时显示 4 个视图，其中主视图在下边，如图 10-38 所示。

⊙ 4 视图-底部：同时显示 4 个视图，其中主视图在上边，如图 10-39 所示。

其中每个分视图都可以在激活后，从 3D 视图下拉列表中更换具体观看角度，或者设置视图显示方式等。

另外，选中"共享视图选项"复选框，可以让多视图共享同样的视图设置，如"安全框显示""网格显示""通道显示"等。

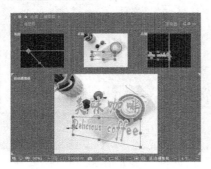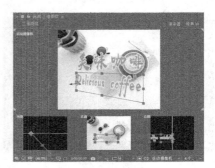

图 10-38 图 10-39

提示

上下滚动鼠标中键的滚轴，可以在不激活视图的情况下，对鼠标指针位置下的视图进行缩放操作。

10.1.7 坐标体系

在控制三维对象时，会依据某种坐标体系进行轴向定位，After Effects 提供了 3 种轴向坐标：本地坐标系、世界坐标系和视图坐标系。坐标系的切换是通过"工具"面板中的 、 和 按钮实现的。

1. 本地坐标系

此坐标系采用被选择物体本身的坐标轴作为变换的依据，这在物体的方位与世界坐标系不同时很有帮助，如图 10-40 所示。

2. 世界坐标系

世界坐标系是使用合成空间中的绝对坐标系作为定位，坐标系轴不会随着物体的旋转而改变，属于一种绝对坐标。无论在哪一个视图中，x 轴始终是往水平方向延伸，y 轴始终是往垂直方向延伸，z 轴始终往纵深方向延伸，如图 10-41 所示。

3. 视图坐标系

视图坐标系与当前所处的视图有关，也可以称之为屏幕坐标系，对于正交视图和自定义视图，x 轴仍然和 y 轴始终平行于视图，其纵深轴 z 轴始终垂直于视图；对于摄像机视图，x 轴和 y 轴仍然始终平行于视图，但 z 轴有一定的变动，如图 10-42 所示。

图 10-40 图 10-41 图 10-42

10.1.8 三维图层的材质属性

当普通的二维图层转化为三维图层时，会添加一个全新的属性"材质选项"，可以设置此属性，决定三维图层如何响应灯光光照系统，如图 10-43 所示。

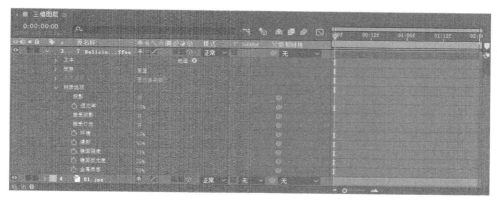

图 10-43

选中某个三维素材图层，连续两次按 A 键，展开"材质选项"属性。

投影：设置是否投射阴影选项，其中包括"打""关""仅"3 种模式，分别如图 10-44~图 10-46 所示。

图 10-44   图 10-45   图 10-46

透光率：透光程度，可以体现半透明物体在灯光下的照射效果，主要效果体现在阴影上，如图 10-47 和图 10-48 所示。

透光率值为 0%   透光率值为 70%
图 10-47   图 10-48

接受阴影：是否接受阴影，此属性不能制作关键帧动画。

接受灯光：是否接受光照，此属性不能制作关键帧动画。

环境：调整三维图层受"环境"类型灯光影响的程度。设置"环境"类型灯光如图 10-49 所示。

图 10-49

漫射：调整图层漫反射程度。设置为 100% 时，将反射大量的光；如果为 0%，则不反射大量的光。

镜面强度：调整图层镜面反射的程度。

镜面反光度：设置"镜面强度"的区域，值越小，"镜面强度"区域越小。在"镜面强度"为 0 的情况下，此设置将不起作用。

金属质感：调节由"镜面强度"反射的光的颜色。值越接近 100%，就越接近图层的颜色；值越接近 0%，就越接近灯光的颜色。

10.2   灯光和摄像机

After Effects 中的三维图层具有了材质属性，但要得到满意的合成效果，还必须在场景中创建和设置灯光，图层的投影、环境和反射等特性都是在一定的灯光作用下才发挥作用的。

在三维空间的合成中，除了灯光和图层材质赋予的多种多样的效果以外，摄像机的功能也是相当重要的，因为不同视角得到的光影效果也是不同的，而且在动画的控制方面也增强了灵活性和多样性，丰富了图像合成的视觉效果。

10.2.1   课堂案例——星光碎片

📷 案例学习目标

学习使用摄像机制作星光碎片。

🔒 案例知识要点

使用"渐变"命令制作背景渐变和彩色渐变效果；使用"分形噪波"命令制作发光特效；使用"闪光灯"命令制作闪光灯效果；使用"矩形遮罩工具"绘制形状遮罩效果；使用"碎片"命令制作碎片效果；使用"摄像机"命令添加摄像机图层并制作关键帧动画；使用"位置"属性改变摄像机图层的位置动画；使用"启用时间重置"命令改变时间。星光碎片如图 10-50 所示。

图 10-50

扫码观看
本案例视频

扫码观看
本案例视频

扫码观看
本案例视频

效果所在位置

云盘\Ch10\星光碎片\星光碎片.aep。

1. 制作渐变和彩色发光效果

（1）按 Ctrl+N 组合键，弹出"合成设置"对话框，在"合成名称"文本框中输入"渐变"，其他选项的设置如图 10-51 所示，单击"确定"按钮，创建一个新的合成"渐变"。

（2）选择"图层 > 新建 > 纯色"命令，弹出"纯色设置"对话框，在"名称"文本框中输入"渐变"，将"颜色"设置为黑色，单击"确定"按钮，在"时间轴"面板中新增一个黑色纯色图层，如图 10-52 所示。

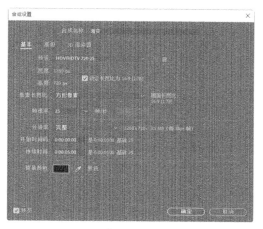

图 10-51

图 10-52

（3）选中"渐变"图层，选择"效果 > 生成 > 梯度渐变"命令，在"效果控件"面板中，设置"起始颜色"为黑色，"结束颜色"为白色，设置其他参数如图 10-53 所示，设置完成后，"合成"面板中的效果如图 10-54 所示。

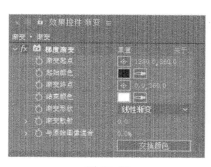

图 10-53

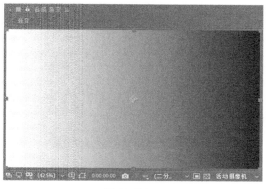

图 10-54

（4）再次创建一个新的合成并命名为"星光"。在当前合成中新建一个纯色图层"噪波"。选中"噪波"图层，选择"效果 > 杂色和颗粒 > 分形杂色"命令，在"效果控件"面板中设置参数，如图 10-55 所示。"合成"面板中的效果如图 10-56 所示。

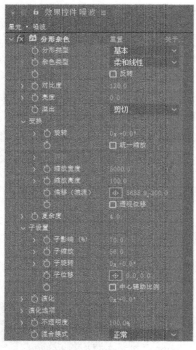
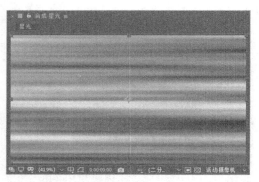

图 10-55   图 10-56

（5）将时间标签放置在 0s 的位置，在"效果控件"面板中，分别单击"变换"下的"偏移（湍流）"和"演化"选项左侧的"关键帧自动记录器"按钮，如图 10-57 所示，记录第 1 个关键帧。

（6）将时间标签放置在 04:24s 的位置，在"效果控件"面板中，设置"偏移（湍流）"为–5689.0、300.0，"演化"为 1x+0.0°，如图 10-58 所示，记录第 2 个关键帧。

图 10-57   图 10-58

（7）选择"效果 > 风格化 > 闪光灯"命令，在"效果控件"面板中设置参数，如图 10-59 所示。"合成"面板中的效果如图 10-60 所示。

（8）在"项目"面板中，选中"渐变"合成并将其拖曳到"时间轴"面板中。将"噪波"图层的"轨道遮罩"设置为"亮度遮罩'渐变'"，如图 10-61 所示。隐藏"渐变"图层，"合成"面板中的效果如图 10-62 所示。

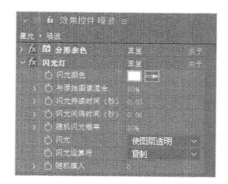

图 10-59

图 10-60

图 10-61

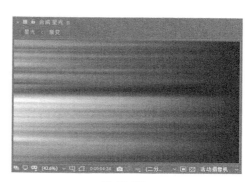

图 10-62

2. 制作彩色发光效果

（1）在当前合成中建立一个新的纯色图层"彩色光芒"。选择"效果 > 生成 > 梯度渐变"命令，在"效果控件"面板中，设置"开始颜色"为黑色，"结束颜色"为白色，设置其他参数如图 10-63 所示，设置完成后，"合成"面板中的效果如图 10-64 所示。

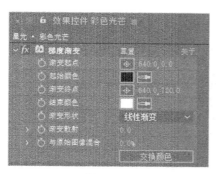

图 10-63

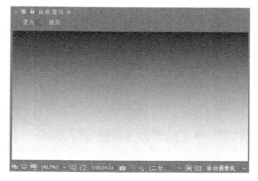

图 10-64

（2）选择"效果 > 颜色校正 > 色光"命令，在"效果控件"面板中设置参数，如图 10-65 所示。"合成"面板中的效果如图 10-66 所示。

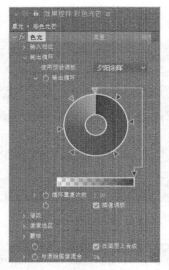

图 10-65

图 10-66

（3）在"时间轴"面板中，设置"彩色光芒"图层的混合模式为"颜色"，如图 10-67 所示。"合成"面板中的效果如图 10-68 所示。

图 10-67

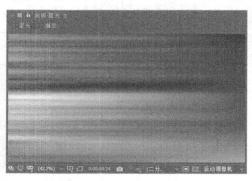

图 10-68

（4）在当前合成中建立一个新的纯色图层"蒙版"，如图 10-69 所示。选择"矩形工具" [图]，在"合成"面板中拖曳鼠标绘制一个矩形蒙版图形，如图 10-70 所示。

图 10-69

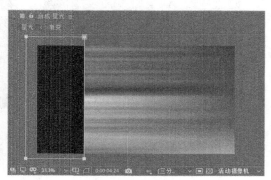

图 10-70

（5）选中"蒙版"图层，按 F 键，展开"蒙版羽化"属性，如图 10-71 所示，设置"蒙版羽化"
参数为 200.0，200.0，如图 10-72 所示。

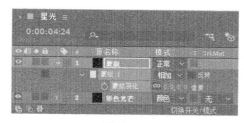

图 10-71

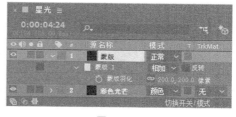

图 10-72

（6）选中"彩色光芒"图层，将"彩色光芒"图层的"轨道遮罩"设置为"Alpha 遮罩'蒙版'"，
如图 10-73 所示。自动隐藏"蒙版"图层，"合成"面板中的效果如图 10-74 所示。

图 10-73

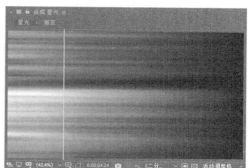

图 10-74

（7）按 Ctrl+N 组合键，弹出"合成设置"对话框，在"合成名称"文本框中输入"碎片"，其
他选项的设置如图 10-75 所示，单击"确定"按钮，创建一个新的合成"碎片"。

（8）选择"文件 > 导入 > 文件"命令，在弹出的"导入文件"对话框中，选择云盘中的"Ch10\
星光碎片\（Footage）\ 01.jpg"文件，单击"导入"按钮，导入图片。在"项目"面板中，选中"渐
变"合成和"01.jpg"文件，将它们拖曳到"时间轴"面板中，同时单击"渐变"图层左侧的"眼睛"
按钮，关闭该图层的可视性，如图 10-76 所示。

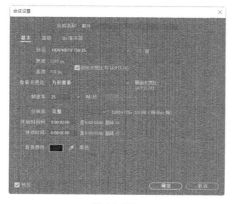

图 10-75

图 10-76

（9）选择"图层 > 新建 > 摄像机"命令，弹出"摄像机设置"对话框，在"名称"文本框中输入"摄像机 1"，其他选项的设置如图 10-77 所示，单击"确定"按钮，在"时间轴"面板中新增一个摄像机图层，如图 10-78 所示。

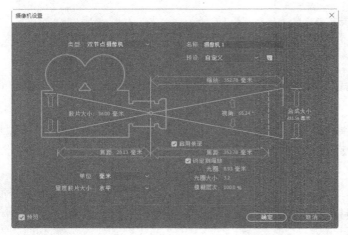

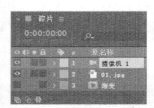

图 10-77   图 10-78

（10）选中"01.jpg"图层，选择"效果 > 模拟 > 碎片"命令，在"效果控件"面板中，将"视图"改为"已渲染"模式，展开"形状"属性，在"效果控件"面板中设置参数，如图 10-79 所示。展开"作用力 1"和"作用力 2"属性，在"效果控件"面板中设置参数，如图 10-80 所示。展开"渐变"和"物理学"属性，在"效果控件"面板中设置参数，如图 10-81 所示。

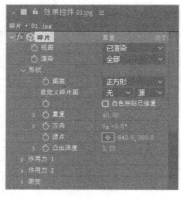  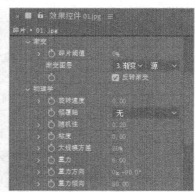

图 10-79   图 10-80   图 10-81

（11）将时间标签放置在 2s 的位置，在"效果控件"面板中，单击"渐变"选项下的"碎片阈值"选项左侧的"关键帧自动记录器"按钮，如图 10-82 所示，记录第 1 个关键帧。将时间标签放置在 03:18s 的位置，在"效果控件"面板中，设置"碎片阈值"为 100%，如图 10-83 所示，记录第 2 个关键帧。

（12）在当前合成中建立一个新的红色纯色图层"参考层"，如图 10-84 所示。单击"参考层"右侧的"3D 图层"按钮，打开三维属性，单击"参考层"左侧的"眼睛"按钮，关闭该图层的可视性。设置"摄像机 1"的"父级和链接"为"1.参考层"，如图 10-85 所示。

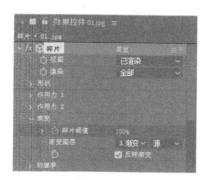

图 10-82   图 10-83

图 10-84   图 10-85

（13）选中"参考层"图层，按 R 键，展开"旋转"属性，设置"方向"为 90.0°、0.0°、0.0°，如图 10-86 所示。将时间标签放置在 01:06s 的位置，单击"Y 轴旋转"选项左侧的"关键帧自动记录器"按钮 ⬚ ，如图 10-87 所示，记录第 1 个关键帧。

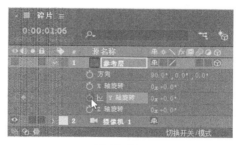

图 10-86   图 10-87

（14）将时间标签放置在 04:24s 的位置，设置"Y 轴旋转"为 0x+120.0°，如图 10-88 所示，记录第 2 个关键帧。将时间标签放置在 0s 的位置，选中"摄像机 1"图层，展开"变换"属性，设置"目标点"为 360.0、288.0、0.0，"位置"为 320.0、-900.0、-50.0，单击"位置"选项左侧的"关键帧自动记录器"按钮 ⬚ ，如图 10-89 所示，记录第 1 个关键帧。

（15）将时间标签放置在 01:10s 的位置，设置"位置"为 320.0、-700.0、-250.0，如图 10-90 所示，记录第 2 个关键帧。将时间标签放置在 04:24s 的位置，设置"位置"为 320.0、-560.0、-1 000.0，如图 10-91 所示，记录第 3 个关键帧。

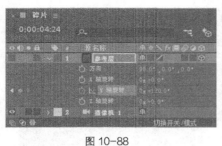

图 10-88

图 10-89

图 10-90

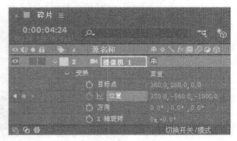

图 10-91

（16）在"项目"面板中，选中"星光"合成，将其拖曳到"时间轴"面板中，并放置在"摄像机 1"图层的下方，如图 10-92 所示。单击该层右侧的"3D 图层"按钮，打开三维属性，设置该图层的混合模式为"相加"，如图 10-93 所示。

图 10-92

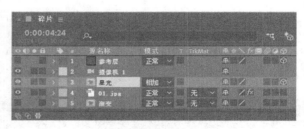

图 10-93

（17）将时间标签放置在 01:22s 的位置，选中"星光"图层，按 A 键，展开"锚点"属性，设置"锚点"为 0.0、360.0、0.0；在按住 Shift 键的同时，按 P 键，展开"位置"属性，设置"位置"为 1 000.0、360.0、0.0；在按住 Shift 键的同时，按 R 键，展开"旋转"属性，设置"方向"为 0.0°、90.0°、0.0°，单击"位置"选项左侧的"关键帧自动记录器"按钮，如图 10-94 所示，记录第 1个关键帧。将时间标签放置在 03:24s 的位置，设置"位置"为 288.0、360.0、0.0，如图 10-95 所示，记录第 21 个关键帧。

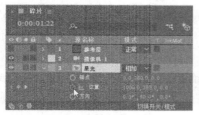

图 10-94

图 10-95

（18）将时间标签放置在 01:11s 的位置，按 T 键，展开"不透明度"属性，设置"不透明度"为 0%，单击"不透明度"选项左侧的"关键帧自动记录器"按钮⏱，如图 10-96 所示，记录第 1 个关键帧。将时间标签放置在 01:22s 的位置，设置"不透明度"为 100%，如图 10-97 所示，记录第 2 个关键帧。

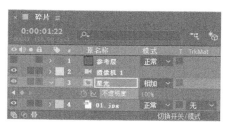

图 10-96　　　　　　　　　　　　　　图 10-97

（19）将时间标签放置在 03:24s 的位置，在"时间轴"面板中，单击"不透明度"选项左侧的"在当前时间添加或移除关键帧"按钮◆，如图 10-98 所示，记录第 3 个关键帧。将时间标签放置在 04:11s 的位置，设置"不透明度"为 0%，如图 10-99 所示，记录第 4 个关键帧。

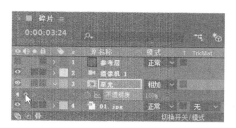

图 10-98　　　　　　　　　　　　　　图 10-99

（20）选择"图层 > 新建 > 纯色"命令，弹出"纯色设置"对话框，在"名称"文本框中输入"底板"，将"颜色"设置为灰色（其 R、G、B 值均为 175），单击"确定"按钮，在当前合成中建立一个新的灰色纯色图层，将其拖曳到最底层，如图 10-100 所示。单击"底板"层右侧的"3D 图层"按钮⬚，打开三维属性，如图 10-101 所示。

图 10-100　　　　　　　　　　　　　　图 10-101

（21）将时间标签放置在 03:24s 的位置，按 P 键，展开"位置"属性，设置"位置"为 640.0、360.0、0.0；在按住 Shift 键的同时，按 T 键，展开"不透明度"属性，设置"不透明度"为 53%；分别单击"位置"选项和"不透明度"选项左侧的"关键帧自动记录器"按钮⏱，如图 10-102 所示，记录第 1 个关键帧。

（22）将时间标签放置在 04:24s 的位置，设置"位置"为–270.0、360.0、0.0，"不透明度"为 0%，如图 10-103 所示，记录第 2 个关键帧。

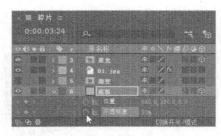
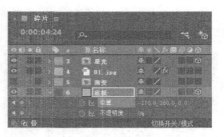

图 10-102   图 10-103

（23）按 Ctrl+N 组合键，弹出"合成设置"对话框，在"合成名称"文本框中输入"最终效果"，其他选项的设置如图 10-104 所示，单击"确定"按钮，创建一个新的合成"最终效果"。在"项目"面板中选中"碎片"合成，将其拖曳到"时间轴"面板中，如图 10-105 所示。

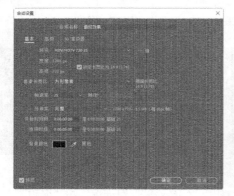

图 10-104   图 10-105

（24）选中"碎片"图层，选择"图层 > 时间 > 启用时间重映射"命令，将时间标签放置在 0s 的位置，在"时间轴"面板中，设置"时间重映射"为 04:24，如图 10-106 所示，记录第 1 个关键帧。将时间标签放置在 04:24s 的位置，在"时间轴"面板中，设置"时间映射"为 00:00，如图 10-107 所示，记录第 2 个关键帧。

图 10-106   图 10-107

（25）选择"效果 > Trapcode > Starglow"命令，在"效果控件"面板中设置参数，如图 10-108 所示。将时间标签放置在 0s 的位置，单击"阈值"选项左侧的"关键帧自动记录器"按钮，如图 10-109 所示，记录第 1 个关键帧。

 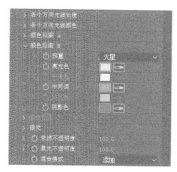

图 10-108

图 10-109

（26）将时间标签放置在 04:24s 的位置，在"效果控件"面板中，设置"阈值"为 480，如图 10-110 所示，记录第 2 个关键帧。星光碎片制作完成，如图 10-111 所示。

图 10-110

图 10-111

10.2.2　创建和设置摄像机

创建摄像机的方法很简单，选择"图层 > 新建 > 摄像机"命令，或按 Ctrl+Shift+Alt+C 组合键，在弹出的对话框中进行设置，如图 10-112 所示，单击"确定"按钮完成设置。

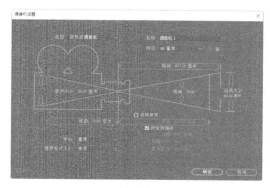

图 10-112

名称：设定摄像机名称。

预设：摄像机预设，此下拉列表包含了 9 种常用的摄像机镜头，有标准的"35 毫米"镜头、"15 毫米"广角镜头、"200 毫米"长焦镜头以及自定义镜头等。

单位：选择在"摄像机设置"对话框中使用的参数单位，包括像素、英寸和毫米 3 个选项。

量度胶片大小：可以改变"胶片尺寸"的基准方向，包括水平、垂直和对角 3 个选项。

缩放：设置摄像机到图像的距离。"缩放"值越大，通过摄像机显示的图层大小就越大，视野也就相应地减小。

视角：视角越大，视野越宽，相当于广角镜头；视角越小，视野越窄，相当于长焦镜头。调整此参数时，会和"焦长""胶片尺寸""变焦"3 个值互相影响。

焦距：焦距是指胶片和镜头之间的距离。焦距短，就是广角效果；焦距长，就是长焦效果。

启用景深：是否打开景深功能。配合"焦距""光圈""光圈大小"和"模糊层次"参数使用。

焦距：焦点距离，确定从摄像机开始，到图像最清晰位置的距离。

光圈：设置光圈大小。不过在 After Effects 中，光圈大小与曝光没有关系，仅影响景深的大小。光圈越大，前后图像清晰的范围会越来越小。

光圈大小：快门速度，此参数与"光圈"互相影响，同样影响景深模糊程度。

模糊层次：控制景深模糊程度，值越大越模糊，为 0% 则不进行模糊处理。

10.2.3　利用工具移动摄像机

"工具"面板中有 4 个移动摄像机的工具，在当前摄像机移动工具上按住鼠标左键不放，弹出其他摄像机移动工具的选项，或按 C 键可以在这 4 个工具之间切换，如图 10-113 所示。

图 10-113

"统一摄像机工具"🎥：合并以下几种摄像机工具的功能，使用 3 键鼠标的不同按键可以灵活变换操作，鼠标左键为旋转，中键为平移，右键为推拉。

"轨道摄像机工具"◎：用于以目标为中心点，旋转摄像机。

"跟踪 XY 摄像机工具"✥：用于在垂直方向或水平方向，平移摄像机。

"跟踪 Z 摄像机工具"♟：用于将摄像机镜头拉近、推远，也就是让摄像机在 z 轴上平移。

10.2.4　摄像机和灯光的入点与出点

在"时间轴"默认状态下，新建立摄像机和灯光的入点和出点就是合成项目的入点和出点，即作用于整个合成项目。为了设置多个摄像机或者多个灯光在不同时间段起作用，可以修改摄像机或者灯光的入点和出点，改变其持续时间，就像对待其他普通素材图层一样，从而方便地实现多个摄像机或者多个灯光在时间上的切换，如图 10-114 所示。

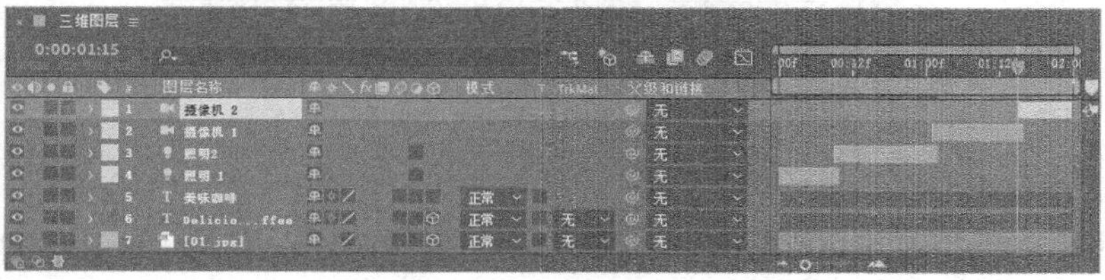

图 10-114

10.3 课堂练习——旋转文字

练习知识要点

使用"导入"命令，导入图片；使用"3D"属性，制作三维效果；使用"Y 轴旋转"属性和"缩放"属性，制作文字动画。旋转文字效果如图 10-115 所示。

扫码观看
本案例视频

图 10-115

效果所在位置

云盘\Ch10\旋转文字\旋转文字.aep。

10.4 课后习题——冲击波

习题知识要点

使用"椭圆工具"，绘制椭圆形；使用"毛边"命令，制作形状粗糙化并添加关键帧；使用"Shine"命令，制作形状发光效果；使用"3D"属性，调整形状空间效果；使用"缩放"选项与"不透明度"选项，调整形状的大小与透明度。冲击波效果如图 10-116 所示。

扫码观看
本案例视频

图 10-116

效果所在位置

云盘\Ch10\冲击波\冲击波.aep。

11

第11章
渲染与输出

对于制作完成的影片，可以通过渲染输出的方式，将影片制作成可以在不同的媒介设备上都能播放的影片，更方便用户的作品在各种媒介中的传播。本章主要讲解了 After Effects 中的渲染与输出功能。读者通过对本章的学习，可以掌握渲染与输出的方法和技巧。

课堂学习目标

✔ 掌握渲染的设置
✔ 掌握输出的方法和技巧

11.1 渲染

渲染在整个影视制作过程中是最后一步，也是相当关键的一步。即使前面的制作再精妙，不成功的渲染也会导致作品失败，渲染方式影响影片最终呈现的效果。

After Effects 可以将合成项目渲染输出成视频文件、音频文件和序列图片等。输出的方式有两种：一种是选择"文件 > 导出"命令直接输出单个合成项目；另一种是选择"合成 > 添加到渲染队列"命令，将一个或多个合成项目添加到"渲染队列"中，逐一批量输出，如图 11-1 所示。

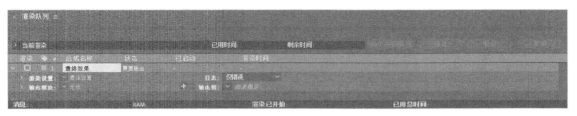

图 11-1

其中，通过"文件 > 导出"命令输出时，可选的格式和解码较少；通过"合成 > 添加到渲染队列"命令输出，可以进行非常高级的专业控制，并支持多种格式和解码。因此，在这里主要介绍如何使用"渲染队列"面板进行输出，掌握了它，就掌握了使用"文件 > 导出"方式输出影片方法。

11.1.1 "渲染队列"面板

在"渲染队列"面板可以控制整个渲染进程，调整各个合成项目的渲染顺序，设置每个合成项目的渲染质量、输出格式和路径等。在将项目添加到"渲染队列"时，"渲染队列"面板将自动打开，如果不小心关闭了，也可以选择"窗口 > 渲染队列"命令，或按 Ctrl+Shift+0 组合键，再次打开此面板。

单击"当前渲染"左侧的小箭头按钮，显示的信息如图 11-2 所示，主要包括当前正在渲染的合成项目的进度、正在执行的操作、当前输出的路径、文件大小、预测的最终文件、可用磁盘空间等。

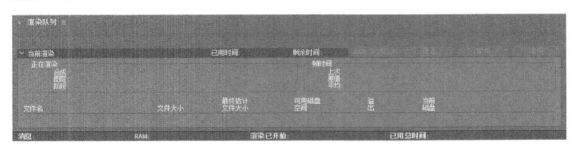

图 11-2

渲染队列区，如图 11-3 所示。

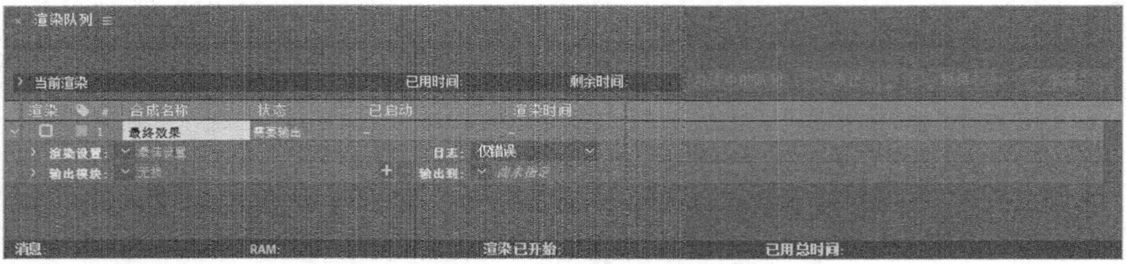

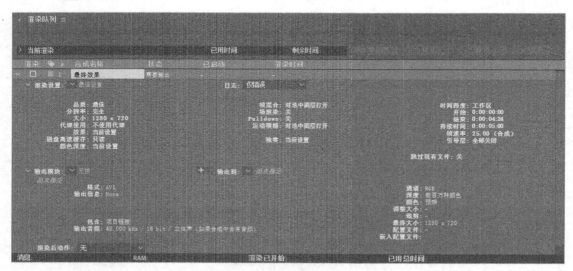

图 11-3

需要渲染的合成项目都将逐一排列在渲染队列中，在此，可以设置项目的"渲染设置""输出组件"（输出模式，格式和解码等）"输出到"（文件名和路径）等。

渲染：是否进行渲染操作，只有选中的合成项目才会被渲染。

：选择标签颜色，用于区分不同类型的合成项目，方便用户识别。

#：队列序号，决定渲染的顺序，可以上下拖曳合成项目，改变合成项目的顺序。

合成名称：合成项目的名称。

状态：当前状态。

已启动：渲染开始的时间。

渲染时间：渲染花费的时间。

单击"渲染设置"和"输出模块"选项左侧的小箭头按钮 ⌄ 展开具体设置信息，如图 11-4 所示。单击 ⌄ 按钮可以选择已有的设置预置，单击当前设置标题，可以打开具体的设置对话框。

图 11-4

11.1.2　渲染设置

渲染设置的方法为：单击"渲染设置" ⌄ 按钮右侧的"最佳设置"标题文字，弹出"渲染设置"

对话框，如图 11-5 所示。

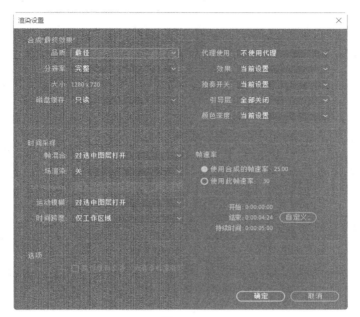

图 11-5

（1）"合成"设置区，如图 11-6 所示。

图 11-6

品质：设置层质量，其中包括："当前设置"表示采用各图层的当前设置，即根据"时间轴"面板中各图层属性开关面板上的图层画质设定而定；"最佳"表示全部采用最好的质量（忽略各图层的质量设置）；"草图"表示全部采用粗略质量（忽略各图层的质量设置）；"线框"表示全部采用线框模式（忽略各图层的质量设置）。

分辨率：设置像素采样质量，其中包括完整、二分之一、三分之一和四分之一；另外，还可以选择"自定义"选项，在弹出的"自定义分辨率"对话框中自定义分辨率。

磁盘缓存：决定是否采用"首选项"对话框（选择"编辑 > 首选项"命令打开）中的媒体和磁盘缓存中的内存缓存设置，如图 11-7 所示。选择"只读"表示不采用当前"首选项"对话框的设置，而且在渲染过程中，不会有任何新的帧被写入内存缓存中。选择"当前设置"表示采用"首选项"对话框中的设置进行渲染。

代理使用：是否使用代理素材。包括以下选项："当前设置"表示采用当前"项目"面板中各素材当前的设置；"使用所有代理"表示全部使用代理素材进行渲染；"仅使用合成的代理"表示只对合成项目使用代理素材；"不使用代理"表示全部不使用代理素材。

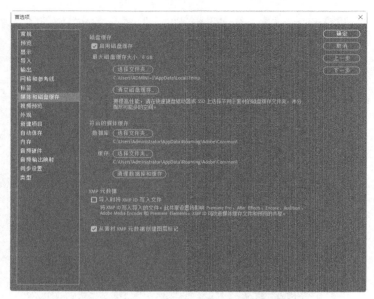

图 11-7

效果：是否采用特效滤镜。包括以下选项："当前设置"表示采用当前时间轴中各个特效当前的设置；"全部开启"表示启用所有的特效滤镜，即使某些滤镜 fx 是暂时关闭状态；"全部关闭"表示关闭所有特效滤镜。

独奏开关：指定是否只渲染"时间轴"中"独奏"开关 开启的图层，选择"全部关闭"，表示不考虑独奏开关。

引导层：指定是否只渲染参考图层。

颜色深度：选择色深，如果是标准版的 After Effects，则设有"每通道 8 位""每通道 16 位"和"每通道 32 位"3 个选项。

（2）"时间采样"设置区如图 11-8 所示。

图 11-8

帧混合：是否采用"帧混合"模式。包括以下选项："当前设置"表示根据当前"时间轴"面板中的"帧混合开关" 的状态和各个图层"帧混合模式" 的状态，来决定是否使用帧混合功能；"对选中图层打开"表示忽略"帧混合开关" 的状态，对所有设置了"帧混合模式" 的图层应用帧混合功能；"对所有图层关闭"表示不启用"帧混合"功能。

场渲染：指定是否采用场渲染方式，包括以下选项："关"表示渲染成不含场的视频影片；"高场优先"表示渲染成上场优先的含场的视频影片;"低场优先"表示渲染成下场优先的含场的视频影片。

3∶2 Pulldown:选择 3∶2 下拉的引导相位法。

运动模糊:选择是否采用运动模糊,包括以下选项:"当前设置"表示根据当前"时间轴"面板中"运动模糊开关"■的状态和各个图层"运动模糊"■的状态,来决定是否使用动态模糊功能;"对选中图层打开"表示忽略"运动模糊开关"■,对所有设置了"运动模糊"■的图层应用运动模糊效果;"对所有图层关闭"表示不启用动态模糊功能。

时间跨度:定义当前合成项目的渲染的时间范围,包括以下选项:"合成长度"表示渲染整个合成项目,也就是合成项目设置了多长的持续时间,输出的影片就有多长时间;"仅工作区域"表示根据时间线中设置的工作环境范围来设定渲染的时间范围(按 B 键,工作范围开始;按 N 键,工作范围结束);"自定义"表示自定义渲染的时间范围。

使用合成的帧速率:使用合成项目中设置的帧速率。

使用此帧速率:使用此处设置的帧速率。

(3)"选项"设置区如图 11-9 所示。

图 11-9

跳过现有文件(允许多机渲染):选中此复选框将自动忽略已存在的序列图片,即忽略已经渲染过的序列帧图片,此功能主要用在网络渲染时。

11.1.3　输出组件设置

"渲染设置"完成后,接下来"设置输出组件",主要是设定输出的格式和解码方式等。单击"输出模块"■按钮右侧的"无损"标题文字,弹出"输出模块设置"对话框,如图 11-10 所示。

(1)基础设置区如图 11-11 所示。

图 11-10

图 11-11

格式：设置输出的文件格式，如播放器的 QuickTime、AVI、"JPEG"序列、"WAV"格式等，非常丰富。

渲染后动作：指定 After Effects 软件是否使用刚渲染的文件作为素材或者代理素材。包括以下选项："导入"表示渲染完成后，自动作为素材置入当前项目中；"导入和替换用法"表示渲染完成后，自动置入项目中替代合成项目，包括这个合成项目被嵌入其他合成项目中的情况；"设置代理"表示渲染完成后，作为代理素材置入项目中。

（2）视频设置区如图 11-12 所示。

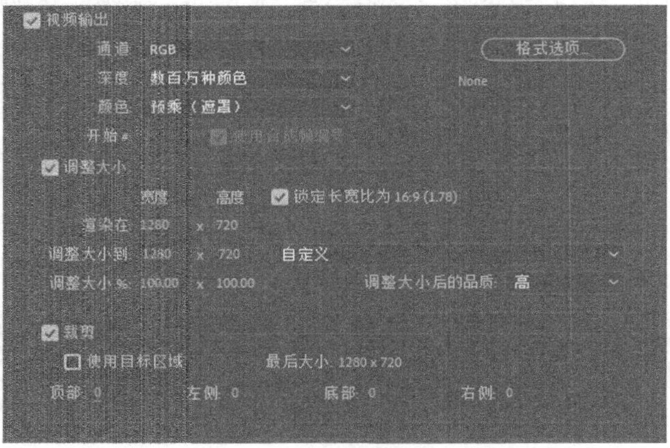

图 11-12

视频输出：选择是否输出视频信息。

通道：选择输出的通道。包括"RGB"（3 个色彩通道）"Alpha"（仅输出 Alpha 通道）和"RGB+Alpha"（三色通道和 Alpha 通道）。

深度：选择色深。

颜色：指定输出的视频包含的 Alpha 通道为哪种模式，是"直通（无遮罩）"模式还是"预乘（遮罩）"模式。

开始#：当选择的输出的格式是序列图时，在这里可以指定序列图的文件名序列数，为了将来方便识别，也可以选择"使用合成帧编号"选项，让输出的序列图片数字就是其帧数字。

格式选项：用于选择视频的编码方式。虽然之前确定了输出的格式，但是每种文件格式又有多种编码方式，不同的编码方式会生成完全不同质量的影片，最后产生的文件量也会有所不同。

调整大小：是否对画面进行缩放处理。

调整大小到：缩放的具体高宽尺寸，也可以从右侧的预置列表中选择。

调整大小后的品质：缩放质量选择。

锁定长宽比：是否强制高宽比为特殊比例。

裁剪：是否裁切画面。

使用目标区域：仅采用"合成"面板中的"目标区域工具" ▣ 确定的画面区域。

顶部、左侧、底部、右侧：设置被裁切掉的像素尺寸。

（3）音频设置区如图 11-13 所示。

图 11-13

自动音频输出：是否输出音频信息。

格式选项：选择音频的编码方式，也就是用什么压缩方式压缩音频信息。

音频质量设置：包括赫兹、比特、立体声或单声道设置。

11.1.4 渲染设置和输出预置

虽然 After Effects 提供了众多的"渲染设置"和"输出"预置，不过可能还是不能满足更多的个性化需求。用户可以将常用的设置存储为自定义的预置，以后进行输出操作时，不需要一遍遍地反复设置，只需要单击 ✓ 按钮，在弹出的下拉列表中选择即可。

使用"渲染设置模板"和"输出模块模板"的对话框如图 11-14 和图 11-15 所示，可以选择预设的"渲染设置"和"输出模块"的设置，调出对话框的方法是选择"编辑 > 模板 > 渲染设置"命令和"编辑 > 模板 > 输出模块"命令。

图 11-14   图 11-15

11.1.5 编码和解码问题

完全不压缩的视频和音频数据量是非常庞大的，因此在输出时需要通过特定的压缩技术对数据进行压缩处理，以减小最终的文件量，便于传输和存储。这样就产生了输出时，选择恰当的编码器，播放时，使用同样的解码器进行解压还原画面的过程。

目前视频流传输中最为重要的编码标准有国际电联的 H.261、H.263，运动静止图像专家组的 M-JPEG 和国际标准化组织运动图像专家组的 MPEG 系列标准，此外互联网上广泛应用的编码标准还有 Real-Networks 的 RealVideo、微软公司的 WMT 以及 Apple 公司的 QuickTime 等。

目前的文件格式，对于.avi 微软视窗系统中的通用视频格式，现在流行的编码和解码方式有 Xvid、MPEG-4、DivX、Microsoft DV 等；对于.mov 苹果公司的 QuickTime 视频格式，比较流行的编码和解码方式有 MPEG-4、H.263、Sorenson Video 等。

在输出时，最好选择普遍的编码器和文件格式，或者是目标客户平台共有的编码器和文件格式，否则，在其他播放环境中播放时，会因为缺少解码器或相应的播放器而无法看见视频或者听到声音。

11.2 输出

可以将设计制作好的视频以多种方式输出，如输出标准视频、输出合成项目中的某一帧等。下面介绍视频输出方式。

11.2.1 输出标准视频

（1）在"项目"面板中，选择需要输出的合成项目。

（2）选择"合成 > 添加到渲染队列"命令，或按 Ctrl+M 组合键，将合成项目添加到渲染队列中。

（3）在"渲染队列"面板中设置渲染属性、输出格式和输出路径。

（4）单击"渲染"按钮开始渲染运算，如图 11-16 所示。

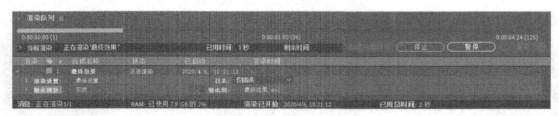

图 11-16

（5）如果需要将此合成项目渲染成多种格式或者多种解码，可以在第（3）步之后，选择"图像合成 > 添加输出组件"命令，添加输出格式和指定另一个输出文件的路径、名称，这样可以方便地做到一次创建，任意发布。

11.2.2 输出合成项目中的某一帧

（1）在"时间轴"面板中，将当前时间标签移到目标帧。

（2）选择"合成 > 帧另存为 > 文件"命令，或按 Ctrl+Alt+S 组合键，将渲染任务添加到"渲染队列"中。

（3）单击"渲染"按钮开始渲染运算。

（4）另外，如果选择"合成 > 帧另存为 > Photoshop 图层"命令，则直接打开文件存储对话框，选择好路径和文件名即可完成单帧画面的输出。

第 12 章
综合设计实训

本章的综合设计实训案例，是根据商业视频设计项目真实情境来训练学生利用所学知识完成商业视频设计项目。多个视频设计项目案例的演练，使学生进一步掌握 After Effects 的强大操作功能和使用技巧，并应用所学技能制作出专业的视频设计作品。

课堂学习目标

- ✔ 掌握软件的综合应用
- ✔ 熟悉各种效果的功能

12.1   宣传片制作——制作汽车广告

12.1.1   项目背景及要求

1. 客户名称

阿莱顿·马克。

2. 客户需求

阿莱顿·马克是一家跑车生产制作公司，以生产敞篷旅行车、赛车和限量跑车而闻名。现推出新款小火神 V7 系列跑车，需要制作宣传广告，要求突出跑车的性能及特点，展现品牌品质。

3. 设计要求

（1）以深色调作为背景颜色以衬托主体。

（2）设计要简洁明确，能表现宣传主题。

（3）设计风格具有特色，时尚新潮。

（4）设计形式多样，在细节的处理上要求细致独特。

（5）设计规格均为 1 280 px（宽）×720 px（高），像素纵横比为方形像素，帧频率为 25 帧/s。

12.1.2   项目创意及制作

1. 素材资源

图片素材所在位置：云盘中的"Ch12\制作汽车广告\（Footage）\01.jpg，0.2png~13.png，14.mp3"。

2. 作品参考

设计作品参考效果所在位置：云盘中的"Ch12\制作汽车广告\制作汽车广告. aep"，如图 12-1 所示。

扫码观看
本案例视频

扫码观看
本案例视频

扫码观看
本案例视频

图 12-1

3. 制作要点

使用"导入"命令导入素材文件；使用"卡片擦除"命令制作图像过渡；使用"位置"属性、"不透明度"属性制作动画效果。

12.2 纪录片制作——制作城市夜生活纪录片

12.2.1 项目背景及要求

1. 客户名称

澄石生活网。

2. 客户需求

澄石生活网是一个生活信息综合平台，为人们提供餐饮、购物、娱乐、健身、医院、银行等生活信息的一站式查询服务。现在需要为都市夜景栏目设计纪录片，要体现出城市的夜晚车水马龙的氛围，让观众了解都市热闹非凡的夜生活。

3. 设计要求

（1）画面突出宣传主体，能表现出纪录片的特色。

（2）画面色彩要对比强烈，能吸引人们的视线。

（3）设计风格统一，有连续性，能直观地表现宣传主题。

（4）设计规格均为 1 280 px（宽）×720 px（高），像素纵横比为方形像素，帧频率为 25 帧/s。

12.2.2 项目创意及制作

1. 素材资源

图片素材所在位置：云盘中的 "Ch12\制作城市夜生活纪录片\（Footage）\01.mov，02.mp4，03jpg，04.aep"。

2. 作品参考

设计作品参考效果所在位置：云盘中的 "Ch12\制作城市夜生活纪录片\制作城市夜生活纪录片.aep"，如图 12-2 所示。

图 12-2

扫码观看
本案例视频

扫码观看
本案例视频

扫码观看
本案例视频

3. 制作要点

使用"分形噪波"命令、"CC 透镜"命令、"圆"命令、"CC 调色"命令、"快速模糊"命令、"辉光"命令、"色相位/饱和度"命令制作动态线条效果；使用"应用动画预置"命令制作文字动画效果；

使用"镜头光晕"命令制作灯光动画效果。

12.3 电子相册制作——制作草原美景相册

12.3.1 项目背景及要求

1．客户名称

卡嘻摄影工作室。

2．客户需求

卡嘻摄影工作室是摄影行业比较有实力的摄影工作室，工作室运用艺术家的眼光捕捉独特瞬间，使照片的艺术性和个性得到充分的体现。现需要制作草原美景相册，要求突出表现大草原独特的人文风光。

3．设计要求

（1）相册要具有极强的表现力。

（2）使用颜色和效果烘托出人物特有的个性。

（3）设计要求富有创意，体现出多彩的草原生活。

（4）设计规格均为 1 280 px（宽）×720 px（高），像素纵横比为方形像素，帧频率为 25 帧/s。

12.3.2 项目创意及制作

1．素材资源

图片素材所在位置：云盘中的"Ch12\制作草原美景相册\（Footage）\01.jpg，02png~ 04.png"。

2．作品参考

设计作品参考效果所在位置：云盘中的"Ch12\制作草原美景相册\制作草原美景相册. aep"，如图 12-3 所示。

扫码观看
本案例视频

图 12-3

3．制作要点

使用"位置"属性和关键帧制作图片位移动画效果；使用"缩放"属性和关键帧制作图片缩放动画效果。

12.4 栏目制作——制作探索太空栏目宣传片

12.4.1 项目背景及要求

1. 客户名称

赏珂文化传媒有限公司。

2. 客户需求

探索太空栏目是一档探索太空奥秘的电视栏目，其以直观的形式演绎太空的变幻莫测。要求为该档栏目设计宣传片，要求能表现出神秘和科技感。

3. 设计要求

（1）设计风格要求直观醒目，体现出浩瀚宇宙，奥妙无穷的特点。

（2）图文搭配要合理，让画面既合理又美观。

（3）整体设计要能够彰显科技的魅力。

（4）设计规格均为 1 280 px（宽）×720 px（高），像素纵横比为方形像素，帧频率为 25 帧/s。

12.4.2 项目创意及制作

1. 素材资源

图片素材所在位置：云盘中的"Ch12\制作探索太空栏目\（Footage）\01.jpg，02.aep"。

2. 作品参考

设计作品参考效果所在位置：云盘中的"Ch12\制作探索太空栏目\制作探索太空栏目 .aep"，如图 12-4 所示。

扫码观看　　　　扫码观看　　　　扫码观看
本案例视频　　　本案例视频　　　本案例视频

图 12-4

3. 制作要点

使用"CC 星爆"命令制作星空效果；使用"辉光"命令、"摄像机镜头模糊"命令、"蒙版"命令制作地球和太阳动画效果；使用"填充"命令、"斜面 Alpha"命令制作文字动画效果。

12.5   节目片头制作——制作美食栏目片头

12.5.1   项目背景及要求

1. 客户名称

"美食厨房"栏目。

2. 客户需求

"美食厨房"是一档以介绍做菜方法、技巧讲解、食材处理和谈论做菜体会等为主要内容的栏目。本案例为"美食厨房"栏目设计制作美食片头，要求符合主题，体现出健康、美味的特点。

3. 设计要求

（1）以食材和美食为主要内容。

（2）使用浅色的背景突出标题，烘托出干净、舒适的节目氛围。

（3）表现出简单易懂、色香味俱全的感觉。

（4）设计规格均为 1 280 px（宽）×720 px（高），像素纵横比为方形像素，帧频率为 25 帧/s。

12.5.2   项目创意及制作

1. 素材资源

图片素材所在位置：云盘中的"Ch12\制作美食片头\（Footage）\01.png ~ 16.png，17.mp3"。

2. 作品参考

设计作品参考效果所在位置：云盘中的"Ch12\制作美食片头\制作美食片头 .aep"，如图 12-5 所示。

图 12-5

扫码观看
本案例视频

扫码观看
本案例视频

扫码观看
本案例视频

扫码观看
本案例视频

3. 制作要点

使用"导入"命令导入素材文件；使用"位置"属性、"缩放"属性、"旋转"属性，制作动画效果；使用"横排文字工具"和"效果和预设"面板制作文字动画效果。

12.6 短片制作——制作体育运动短片

12.6.1 项目背景及要求

1. 客户名称

时尚生活电视台。

2. 客户需求

时尚生活电视台是全方位介绍衣、食、住、行等资讯的时尚生活类电视台。现在要求制作体育运动短片，要能体现出丰富多彩的体育生活。

3. 设计要求

（1）以体育竞技画面为主体，体现短片的主题。

（2）设计风格简洁大气，让人一目了然。

（3）颜色对比强烈，能直观地展示短片的性质。

（4）设计规格均为 1 280 px（宽）×720 px（高），像素纵横比为 D1/DV PAL（1.09），帧频率为 25 帧/s。

12.6.2 项目创意及制作

1. 素材资源

图片素材所在位置：云盘中的"Ch12\制作体育运动短片\（Footage）\01.avi ~ 05.avi，06.mp3，07.jpg"。

2. 作品参考

设计作品参考效果所在位置：云盘中的"Ch12\制作体育运动短片\制作体育运动短片. aep"，如图 12-6 所示。

扫码观看
本案例视频

图 12-6

3. 制作要点

使用"CC Grid Wipe"命令、"CC Radial ScaleWipe"命令、"CC Image Wipe"命令和"百叶窗"命令制作视频过渡效果；使用"低音和高音"命令为音乐添加效果；使用"边角定位"命令扭曲视频的角度。

12.7 课堂练习——设计 MG 风动画

扫码观看
本案例视频

扫码观看
本案例视频

12.7.1 项目背景及要求

1. 客户名称

爱上生活网。

2. 客户需求

扫码观看
本案例视频

扫码观看
本案例视频

爱上生活网是一个综合类的生活服务平台，专为大家提供娱乐休闲、教育学习、生活热点、生活信息等服务。现为了更好地宣传和推广，需要设计和制作一款 MG 风动画，要求体现出包罗万象的活动类型。

3. 设计要求

（1）动画要求具有极强的表现力。

（2）设计形式要简洁明晰，能表现宣传主题。

（3）设计风格具有特色，吸引其观看和能够引起观者的共鸣。

（4）设计规格均为 1 280 px（宽）×720 px（高），像素纵横比为方形像素，帧频率为 25 帧/s。

12.7.2 项目创意及制作

1. 素材资源

图片素材所在位置：云盘中的"Ch12\设计 MG 风动画\（Footage）\01.png ~ 10.png，11.mp3"。

2. 制作提示

新建项目与合成并导入素材文件；制作蒙版动画；制作多个画面的动画；最后合成动画效果。

3. 知识提示

使用"导入"命令导入素材文件；使用"位置"属性、"缩放"属性、"不透明度"属性和"旋转"属性，制作动画效果；使用"梯度渐变"命令制作渐变背景；使用"效果和预设"面板制作文字动画效果。

12.8 课后习题——设计女孩相册

扫码观看
本案例视频

扫码观看
本案例视频

扫码观看
本案例视频

12.8.1 项目背景及要求

1. 客户名称

时尚摄影工作室。

2. 客户需求

扫码观看
本案例视频

扫码观看
本案例视频

时尚摄影工作室是一家风格多样，引领美学潮流的摄影工作室。工作室擅长运用自然旅行外拍的方式进行拍摄，以独特的视角捕捉唯美的瞬间。现需要制作一期女孩相册，要求表现出女孩清丽可人绰约多姿的特点。

3．设计要求

（1）相册要求具有极强的表现力。

（2）使用颜色和效果烘托人物的个性。

（3）设计风格简洁大气，让人一目了然。

（4）设计规格均为 1 280 px（宽）×720 px（高），像素纵横比为方形像素，帧频率为 25 帧/s。

12.8.2　项目创意及制作

1．素材资源

图片素材所在位置：云盘中的"Ch12\设计女孩相册\（Footage）\01.jpg ～ 04.jpg，05.png，06.png，07.jpg，08.png，09.png，10.jpg～12.jpg，13.png，14.png，15.mp3"。

2．制作提示

新建项目与合成并导入素材文件；将素材文件拖曳到"时间轴"面板；制作文字动画和图片动画；最后合成动画效果。

3．知识提示

使用"导入"命令导入素材文件；使用"位置"属性、"不透明度"属性，制作动画效果；使用"残影"命令制作文字动画效果。